DAS ZEICHNERISCHE INTEGRIEREN MIT DEM INTEGRANTEN

NACH LEICHTVERSTÄNDLICHEN UND FÜR DEN PRAKTISCHEN GEBRAUCH BESTIMMTEN REGELN

VON

Dipl.-Ing. HERMANN NAATZ

UND

ERNST W. BLOCHMANN

OBERINGENIEURE

MIT 46 ABBILDUNGEN IM TEXT

MÜNCHEN UND BERLIN 1921

DRUCK UND VERLAG VON R. OLDENBOURG

Vorwort.

Nach jahrelangem Erproben hat sich der Integrant so herausgebildet, wie er in diesem Werke beschrieben ist. Gleichzeitig mit seiner Verbesserung erwies sich aber auch als notwendig, ein einheitliches Verfahren, übersichtliche Regeln und schließlich ein Nachschlagewerk zu schaffen, nach dem man sich jederzeit möglichst schnell in seiner Arbeit zurechtfinden kann. Diesem Zweck soll das vorliegende Büchlein dienen; es ist so abgefaßt, daß es auch für diejenigen nützlich sein dürfte, die den Integranten nicht benutzen wollen.

Beweise sind in vielen Stellen, besonders dort, wo nichts Neues gebracht wurde, weggelassen, dafür aber die Grundaufgaben ausführlich und ohne besondere Ansprüche auf mathematische Kenntnisse erklärt worden. Die Erfahrung hat ferner gelehrt, daß von allen bekannten Integrierverfahren das sog. Sehnenverfahren das bequemste ist, weshalb es allen Beispielen zugrunde gelegt ist.

Die hauptsächlich für die technischen Bureaus bestimmte Sammlung der Beispiele erhebt keinesfalls Anspruch auf Vollständigkeit. Ihr Zweck ist aber damit erreicht, wenn sie Anregungen zur weiteren Anwendung des Integranten gibt und zur Vereinfachung des Integrierens überhaupt führt.

Seddin, im Frühjahr 1921.

Die Verfasser.

Inhalt.

Einleitung.

Der Integrant[1]) ist aus dem Bedürfnis heraus entstanden, ein Gerät zu schaffen, mit dem man auf rein zeichnerischem Wege alle in der Technik vorkommenden Integrationen in bequemer und übersichtlicher, aber auch in einwandfreier Weise lösen kann. Die bekannten Aufgaben: Ermittlung der Flächeninhalte, der Schwerpunktslagen und Trägheitsmomente von Linien, Flächen und Körpern, ferner der elastischen Linie usw. führen ja stets auf die manchmal sich wiederholende einfache Aufgabe zurück, zu der gegebenen Differentialkurve die Integralkurve zu zeichnen. Ob man also alle schwierigeren Berechnungen mit dem Integranten durchführen wird, hängt davon ab, wie sich seine Handhabung bei dieser Grundaufgabe gestaltet. Ein Blick in die Anleitung oder noch besser die Nachahmung eines einfachen Anwendungsbeispieles mit dem Gerät läßt erkennen, daß in der Tat die Bedingungen für ein angenehmes, übersichtliches und, man kann sagen, gedankenloses Arbeiten erfüllt sind. Bei mehrfachen Integrationen empfindet man noch das eine sehr angenehm, daß man die Integralkurven ineinander, untereinander, oder in jede beliebige Stelle einzeichnen kann, ohne ein besonderes Blatt verwenden zu müssen. Die Integration kann also ohne weiteres zwischen andere Arbeiten eingeschoben werden.

Lernt man den Integranten näher kennen, so wird man auf ungeahnte Lösungsarten gebracht, die bei geschickter Verteilung immer zur Abkürzung der Arbeit führen werden.

Die Genauigkeit des Integranten ist dieselbe wie beim Planimeter, Integraphen usw. Zeichnet man mit dem Zirkel einen Halbkreis, integriert seine Fläche und vergleicht den Endwert mit der Rechnung (wobei nicht zu vergessen ist, daß der Durchmesser des Kreises und die Endordinate genau gemessen werden müssen), so wird man Fehler von höchstens 1% finden.

---

[1]) Nicht Integrand, die Abhängige unter dem Integralzeichen.

Beschreibung des Integranten.

Der Integrant wird als Rahmen- und Winkelinstrument hergestellt (Abb. 1, 2, 3 u. 4).

Die wesentlichen Kennzeichen des Rahmenintegranten sind ein rechtwinkliger Metallrahmen *1* (Abb. 3) mit 2 drehbaren Linealen *2* und dem durchsichtigen Zelluloidband *3*.

Der Rahmen ist aus einem Stück mit den Lagern für die Lineale gestanzt und gepreßt. Oben und unten ist der mittlere

Abb 1

Teil der Rahmenkante umgebogen; diese Kante dient als Halt für das Zelluloidband und bildet gleichzeitig eine Griffleiste für den Apparat. Auf der Rückseite des Rahmens befindet sich eine $\frac{1}{2}$ cm-Teilung, die 3,5 cm vom Drehpunkt entfernt beginnt und

12 cm davon endigt. Sie wird zum genauen Einstellen des
Zelluloidbandes benutzt.

Die Lineale sind aus einem Stück gestanzt und vermittelst
der Drehzapfen *4* und federnden Unterlegscheiben *5* unlösbar
mit dem Rahmen verbunden. Ihre obere Kante *k* geht durch
die Achse des Drehzapfens.

Das Zelluloidband ist oben und unten an den Haltern *6*
befestigt; diese greifen über die Griffleisten und lassen sich

Abb. 2.

nach Lockern der Schrauben *7, 7* seitlich verschieben. Zum
Abnehmen des Bandes dreht man die Schrauben eines Halters
ganz heraus. Das Zelluloidband trägt einen senkrechten Strich *q*
und zwei wagerechte *m m*, welch letztere sich bei wagerecht
gestellten Linealen mit deren Oberkanten decken müssen. Wenn
das Band sich im Laufe der Zeit gedehnt haben sollte, so daß
die Striche nicht mehr mit den Linealkanten zur Deckung zu
bringen sind, dann läßt sich leicht mit einer Ziehfeder und chine-
sischer Tusche (keine Tinte) ein neuer Strich ziehen.

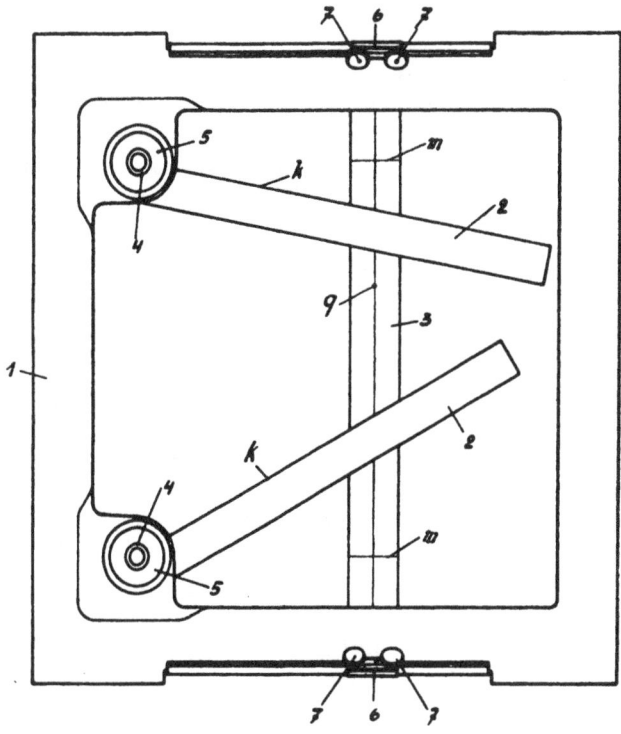

Abb. 3.

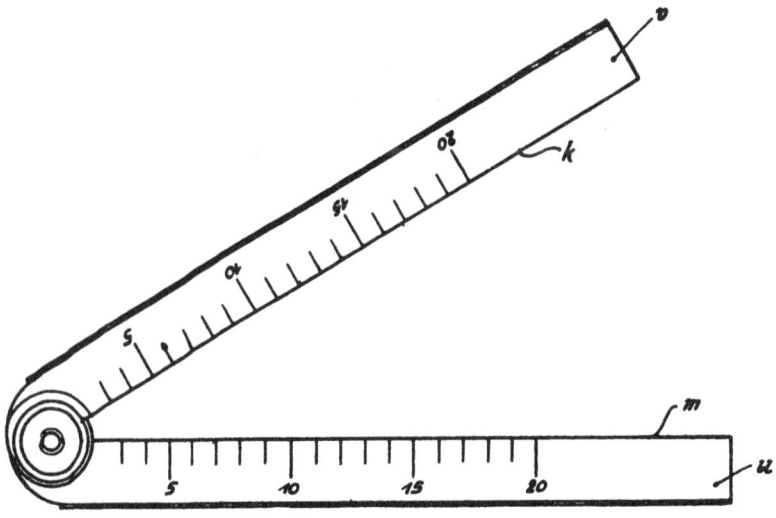

Abb. 4.

1°

Der Winkelintegrant (Abb. 4) ist ein Stellwinkel, dessen Innenkanten durch den Drehpunkt der Schenkel gehen. Die Polweiten von 3 bis 20 cm sind in Zentimeterabständen auf der Oberseite der Schenkel eingeritzt. Falls Zwischenpolweiten erforderlich werden, kann man sich mit Bleistift oder Tusche leicht einen Strich markieren.

Alles im nachstehenden für den Rahmen-Integranten Gesagte gilt auch sinngemäß für den Winkel-Integranten.

Vorbereitungen für das Integrieren.

Die Vorbereitungen zum Arbeiten mit dem Rahmen-Integranten bestehen lediglich in der richtigen Einstellung der Striche im Zelluloidband. Zum Einstellen des Abstandes des Striches q von der Drehzapfenachse, der sog. Polweite oder Polhöhe, dient die auf der Rückseite des Rahmens befindliche Teilung. Das Band läßt sich nach Lockern der Schrauben seitlich verschieben bis zu dem gewünschten Polabstand. Beim Wiederanziehen der Schrauben ist darauf zu achten, daß

1. der Strich im Zelluloidband gerade verläuft und

2. die Horizontalstriche mm im Band sich mit den oberen Linealkanten bei wagerechter Stellung der Lineale decken. Meist verläuft der Strich nach dem Verschieben des Bandes trotz sonst richtiger Einstellung auf die Teilstriche der Skala durch das nicht gleichmäßige Anziehen der Schrauben in krummer Linie. Durch mehr oder minder starkes Anziehen der einen oder anderen Schraube läßt sich der Strich nach Augenmaß oder indem man ihn mit einer Geraden zur Deckung bringt, ausrichten. Gleichzeitig mit dem Ausrichten des Striches q bringt man die Striche mm mit den wagerecht gestellten Linealen zur Deckung.

Um die Lineale wagerecht zu stellen, ist auf der Rückseite des Rahmens ein Strich eingeritzt, auf welchen sie eingestellt werden.

Nach diesen Vorbereitungen kann mit dem Integrieren begonnen werden.

Für den Winkel-Integranten sind besondere Vorbereitungen nicht nötig.

Anleitung zum Integrieren.

Das Verfahren beim Integrieren ist aus Abb. 5 bis 11 ersichtlich. Zu der Kurve a in Abb. 5 soll die Integralkurve a_1 in Abb. 11 gezeichnet werden. Die Kurve a ist ihrerseits die Differentialkurve zu der Integralkurve a_1. Zu diesem Zwecke

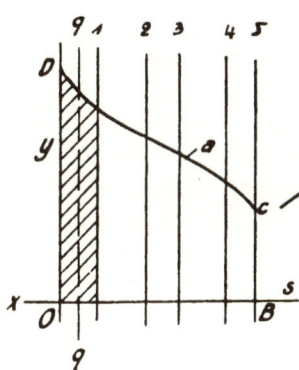

Abb 5.

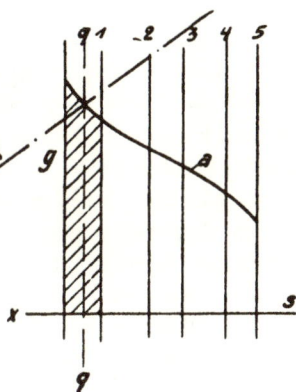

Abb 6.

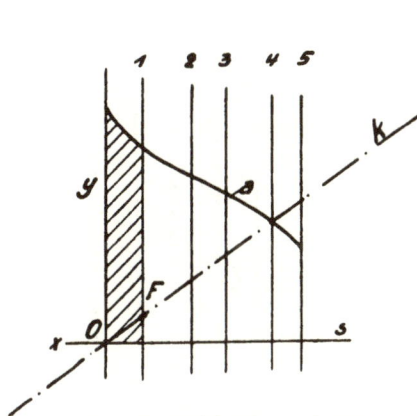

Abb. 7.

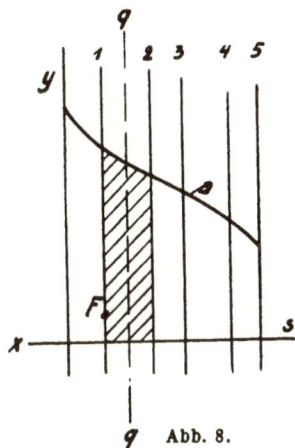

Abb. 8.

werden durch die Kurve a beliebig viele Senkrechte *1, 2, 3, 4, 5,* von beliebigem Abstande zu der *X*-Achse gezogen, wobei die bei der Konstruktion der Kurve gezeichneten Ordinaten zweckmäßig mitbenutzt werden können. Dann legt man den Inte-

granten so auf die Zeichnung, daß die Horizontalachse bzw. die
Marke m (Abb. 5) des unteren Lineals auf der X-Achse liegt
und der senkrechte Strich q durch die Mitte des durch die Senkrechte 1 entstandenen, schraffierten Feldes geht. Abb. 1 u. 2
veranschaulichen im übrigen, wie man den Integranten am stehen-
den Reißbrett handhabt. Jetzt dreht man das Lineal so weit,
daß seine Kante k durch den Schnittpunkt des senkrechten
Striches q und der Kurve a geht (Abb. 6). Das Lineal bleibt
durch Reibung in seiner Lage stehen. Nun wird der ganze Apparat an der Reißschiene entlang parallel so verschoben, daß
die Kante k des Lineals durch O führt. Den Punkt, in welchem
sie die Senkrechte 1 schneidet, markiert man (Punkt F in Abb. 7).
Mit dem nächsten Streifen verfährt man ebenso. Man legt also
jetzt den Apparat wieder so auf die Zeichnung (Abb. 8), daß
der Horizontalstrich auf der X-Achse liegt und der Strich q
durch die Mitte des Feldes geht, welches durch die Senkrechten
1 und 2 entstanden ist. Man dreht wieder das Lineal, bis seine
Kante k durch den Schnittpunkt der Kurve a und der Senkrechten q geht (Abb. 9). Der Apparat wird nun wieder parallel

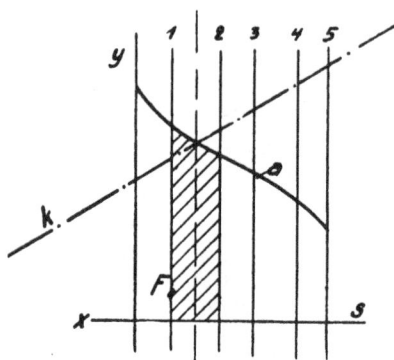
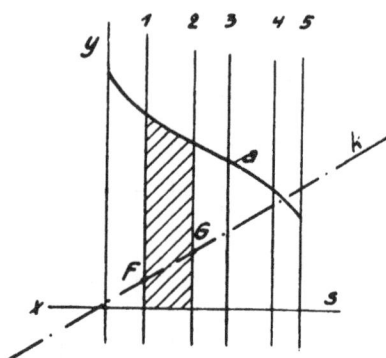

Abb. 9.   Abb. 10.

so verschoben, daß die Kante k des Lineals durch den Punkt F
geht (Abb. 10). Den Punkt G, den Schnittpunkt der Kante k
mit der Senkrechten 2 markiert man ebenfalls. So arbeitet
man weiter, bis auf jeder Senkrechten ein Punkt markiert ist.
Die markierten Punkte sind Punkte der gesuchten Integralkurve a_1 (Abb. 11). Man verbinde sie mit Hilfe eines Kurvenlineals.

Das Arbeiten mit dem Winkel-Integranten geht in sinngemäßer Weise vor sich. Der an der Reißschiene anliegende Schenkel *u* ist im folgenden mit Grund- oder Basisschenkel und der bewegliche Schenkel *v* mit Stellschenkel bezeichnet. Als Marke *m* gilt dann die durch den Drehpunkt des Grundschenkels gehende Kante und als Strich *q* der jeweils gewählte, im Grundschenkel eingeritzte Teilstrich. Die dem Rahmen-Integranten entsprechende Linealkante *k* ist die Innenkante des Stellschenkels *v*.

Unter Benutzung der gleichen Abb. 5 bis 11 ergibt sich also folgende Arbeitsweise:

Man legt den Winkel-Integranten so auf die Zeichnung (Abb. 5), daß die Kante *m* des Grundschenkels mit der *X*-Achse zusammenfällt und der dem Polabstand entsprechende Teilstrich, z. B. 5, durch die Mitte des schraffierten Feldes geht. Jetzt

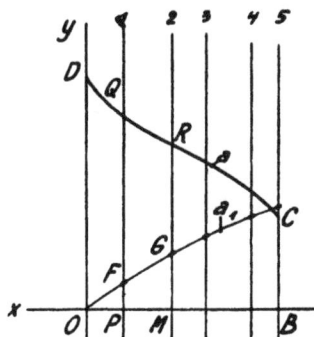

Abb. 11.

dreht man den Stellschenkel unter Festhalten des Grundschenkels so weit, bis seine Kante *k* durch den Schnittpunkt der Kurve *a* und der gedachten Mittellinie des schraffierten Streifens geht (Abb. 6). Sollte diese Einstellung dem Anfänger Schwierigkeiten machen, so kann er sich die Mittellinie ziehen oder diese nach Augenmaß nur durch kleine Striche andeuten.

Nun wird der ganze Winkel-Integrant an der Reißschiene entlang parallel so verschoben, daß die obere (umgebogene) Kante des Stellschenkels durch *O* führt (Abb. 7); den Punkt, in welchem letztere dann die Senkrechte 1 schneidet, markiert man (Punkt *F* in Abb. 7). Mit den nächsten Streifen verfährt man in sinngemäßer Weise wie beim Rahmen-Integranten.

Liegt der Koordinatenanfangspunkt rechts, z. B. bei *B* in Abb. 5, muß man also die Integralkurve von rechts nach links zeichnen, so dreht man den Winkel-Integranten um 180°, wodurch der Stellschenkel zum Grundschenkel wird.

Daß die gefundenen Punkte der Integralkurve angehören, geht aus folgender Überlegung hervor. In Abb. 12 sei ein Streifen von der Breite *b* und der Höhe *h* herausgegriffen. Beim Einstellen des Integranten mit der Polhöhe p nimmt das Lineal die Neigung α ein. Durch O wird nun eine Linie parallel dazu gezogen,

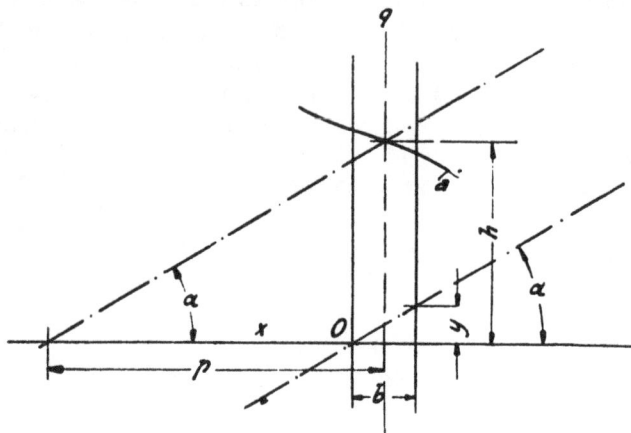

Abb. 12.

die an der rechten Senkrechten des betrachteten Streifens die Ordinate y abschneidet. Nun sieht man ohne weiteres, daß

$$\frac{y}{h} = \frac{b}{p}$$

oder

$$y = \frac{b\,h}{p}$$

d. h. y ist proportional dem Flächeninhalt des betrachteten Streifens. Hierauf wird man weiter zugeben, daß in Abb. 11 die Ordinate FP proportional der Fläche $ODQP$,

»   » GM »   »   » $ODQRM$ usw. ist.

Das ist aber die Eigenschaft der Integralkurve; sie drückt sich aus durch die allgemeine Formel:

$$F = \int y\,d\,x.$$

Die Kurve wird um so genauer, je kleiner man die Abstände der Senkrechten *1, 2, 3, 4, 5* wählt. Die Ungenauigkeit ist aber selbst bei ziemlich groß angenommenen Abständen schon verschwindend klein. Im allgemeinen sollen an Stellen, an welchen die Kurve stark gekrümmt ist, die Abstände kleiner genommen werden, als an Stellen, an welchen die Kurve sich mehr einer

Geraden nähert. Im übrigen braucht man in der Einteilung nicht so ängstlich zu sein, wenn man folgende Regel beachtet. Ist wie in Abb. 13 an einem (etwas übertrieben breit gezeichneten) Streifen die Kurve DMQ stark gekrümmt, so ziehe man die Sehne DQ und stelle das Pollineal des Integranten nicht auf den Punkt M der Mittellinie MN, sondern auf den Punkt F ein, der im ersten Drittel der Strecke zwischen Bogen und Sehne

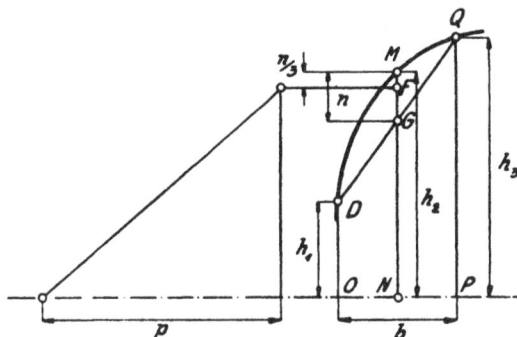

Abb. 13.

liegt. Der Beweis ist sehr einfach. Sieht man den Bogen DMQ als Stück einer Parabel an, so ist der Inhalt des Streifens nach der Simpsonschen Regel:

$$F = \frac{b}{2} \cdot \frac{1}{3} \cdot (h_1 + 4\,h_2 + h_3) = \frac{b}{3} \cdot \left(\frac{h_1 + h_3}{2} + 2\,h_2 \right).$$

Da aber

$$\frac{h_1 + h_3}{2} = G\,N \quad \text{und} \quad h_2 = G\,N + n,$$

so folgt:

$$F = \frac{b}{3} \cdot (3\,G\,N + 2\,n) = b \cdot \left(G\,N + \frac{2}{3}\,n \right),$$

oder

$$F = b \cdot \left(M\,N - \frac{1}{3}\,n \right).$$

Zum Auffinden dieses Punktes genügt ebenso das Augenmaß, wie zum Auffinden der Mittellinie im jeweiligen Flächenstreifen. Überhaupt beruht die Anwendung des Integranten auf der Tatsache, daß selbst ungeübte Zeichner die Mittellinie des Streifens ohne Konstruktion ziemlich richtig treffen.

Die Größe des Integranten ist so gewählt worden, daß er
für die meisten in der Technik vorkommenden Arbeiten ausreicht. Nur vereinzelt kommen Fälle vor, in denen die Ordinaten
der Differentialkurve so hoch werden, daß sie mit dem Integranten nicht unmittelbar abgegriffen werden können. Dann
wendet man einen Hilfsgriff an, wie in Abb. 14 dargestellt.

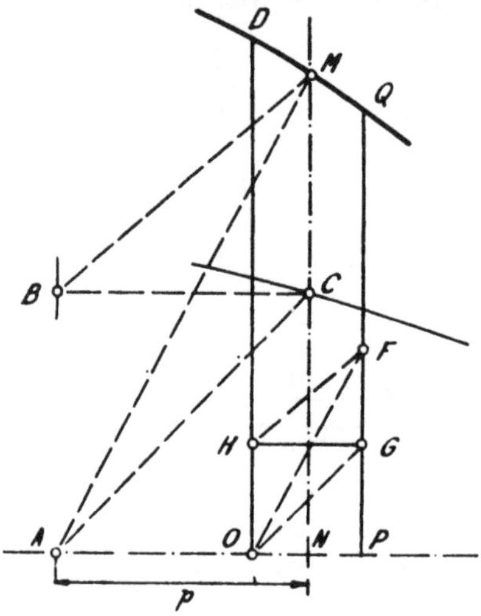

$ODQP$ ist ein Flächenstreifen,
in welchem die Mittelordinate
MN so groß ist, daß sie mit
dem Integranten, dessen Pollineal die Neigung AM ein-
nehmen würde, nicht abge-
griffen werden kann, weil ent-
weder die Länge des Lineals
nicht ausreicht, oder der
Rahmen zu klein ist. Man
unterteilt den Streifen $ODQP$
der Höhe nach, indem man
eine zufällig durch C gehende
Linie hierzu benutzt und greift
erst die Höhe NC ab, überträgt die Neigung AC auf OG,
zieht eine Wagerechte GH und
greift dann noch die Ordinate
CM ab, die Neigung BM auf HF übertragend. F ist dann der
gesuchte Punkt der Integralkurve, denn F muß dort liegen, wo
$OF \| AM$ ist; das ist auch der Fall, wenn man sich die Ähnlich-
keit des Zickzackzuges $OGHF$ und $ACBM$ vor Augen führt.

Abb. 14.

Das obere Lineal des Integranten dient zur Integration von
Kurven, die unterhalb der X-Achse verlaufen.

Auswertung der gefundenen Integralkurven.

Ein bekanntes Übel ist das Herausfinden des Maßstabes der
gefundenen Kurven. Fast jedesmal muß man in den geometri-
schen Zusammenhang zwischen Differentialkurve, Pollhöhe und
Integralkurve eindringen. Hier wird daher eine Regel mit-

geteilt, die sich nicht nur leicht merken, sondern auch bequem anwenden läßt.

Der Maßstab der zu integrierenden Kurve sei, wie allgemein üblich, derart angegeben, daß z. B.

in der Ordinate 1 cm = 5 kg,
» » Abszisse 1 cm = 2 m

ist. Wird nun diese Kurve mit einer Polhöhe von z. B. 8 cm integriert, so hat die Integralkurve

in der Ordinate 1 cm = 5 · 2 · 8 = 80 kgm.

Wird diese Kurve mit einer Polhöhe von 10 cm weiter integriert, so haben wir in der Differentialkurve:

in der Ordinate 1 cm = 80 kgm,
» » Abszisse 1 cm = 2 m,
Polhöhe = 10 cm,

und in der Integralkurve:

in der Ordinate 1 cm = 80 · 2 · 10 = 1600 kgm² usw.

Symbolisch kann die Regel etwa so ausgedrückt werden:

$$\int (1 \text{ cm} = a) \, d \, (1 \text{ cm} = \beta) = (1 \text{ cm} = a \, \beta \, p).$$

Das bedeutet: Ist die Differentialkurve so bemessen, daß

in der Ordinate 1 cm a Einheiten y,
» » Abszisse 1 cm β » x

darstellte, so stellen in der Integralkurve

in der Ordinate 1 cm = $a\beta p$ Einheiten y Einheiten x

dar, wenn die Polhöhe p cm beträgt.

Der Beweis kann an einem Streifen der Abb. 15 geführt werden. Es sei F die Differentialkurve mit dem in üblicher Weise eingeschriebenen Maßstabe 1 cm = 5 kg. In der Abszisse sei 1 cm = 2 m. Nehmen wir an, daß die Mittelordinate des gestrichelten Streifens y cm, die Streifenbreite 6 cm und die Polhöhe des Integranten p cm betragen, so können wir angeben, wieviel cm² in der vom Integranten gebildeten Ordinate y_1 enthalten sind, denn wir wissen von früher her, daß

$$y_1 = \frac{y \cdot b}{p}.$$

Es fragt sich nun, was bedeutet in dieser Ordinate 1 cm, d. h. es wird nach einer Zahl γ gefragt, die, wenn sie mit der in der Strecke y_1 enthaltenen Anzahl cm multipliziert wird,

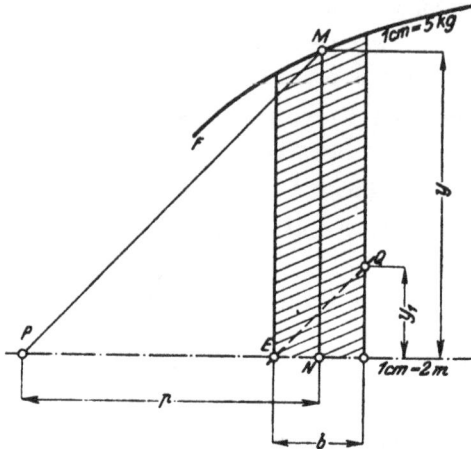

Abb. 15.

die Fläche des gestrichelten Streifens angibt. Diese Fläche ist aber dem Sinne der Integration nach:

$$(y \cdot 5 \text{ kg}) \cdot (b \cdot 2 \text{ m}) = 5 \cdot 2 \cdot y \cdot b \text{ kgm.}$$

Und γ soll also so sein, daß

$$y_1 = 5 \cdot 2 \cdot y \cdot b \text{ kgm ist.}$$

Setzt man hier den obigen Wert für y_1 ein, so erhält man:

$$\frac{y \cdot b}{p} = 5 \cdot 2 \cdot y \cdot b \text{ kgm,}$$

oder

$$\gamma = 5 \cdot 2 \cdot p \text{ kgm.}$$

Das ist die obige Regel, wenn man α für 5 und β für 2 einsetzt.

Es ist eine Fläche zu integrieren, deren untere Begrenzung nicht von der X-Achse gebildet wird (Abb. 16 bis 19).

1. Operation: Den Integranten so verschieben, daß ·der senkrechte Strich q durch die Mitte der schraffierten Fläche (Abb. 16) und die Achse m durch den unteren Schnittpunkt von q mit der Kurve geht.

2. Operation: Das Lineal bei festgehaltenem Integranten so weit drehen, daß seine Kante k durch den Schnittpunkt g des senkrechten Striches q und der Kurve geht (Abb. 17).

3. Operation: Den Integranten parallel so verschieben, daß Linealkante k durch O führt (Abb. 17). Den Punkt, in welchem sie die Senkrechte 1 schneidet, markieren (Punkt F in Abb. 17).

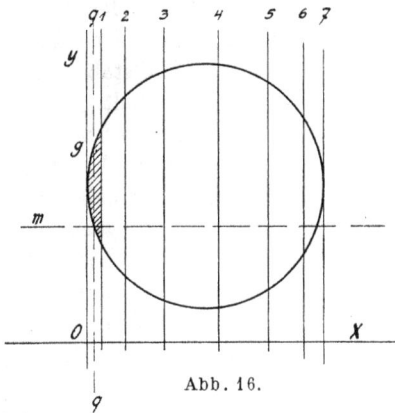

Abb. 16.

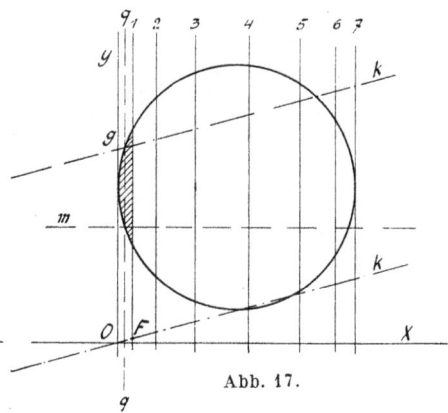

Abb. 17.

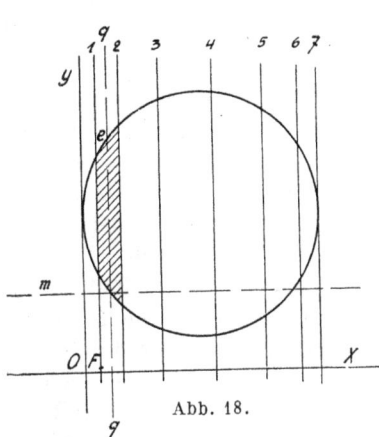

Abb. 18.

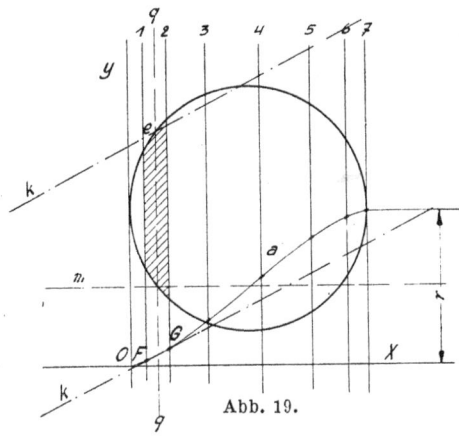

Abb. 19.

Mit dem nächsten Streifen verfährt man ebenso:

4. Operation: Den Strich q auf Mitte der schraffierten Fläche (Abb. 18), die Achse m auf den Schnittpunkt von q mit der Kurve (unten) stellen.

5. Operation: Das Lineal so weit drehen, daß die Kante k durch den Schnittpunkt e geht (Abb. 19).

6. Operation: Den Integranten so verschieben, daß die Linealkante k durch F geht, Punkt G markieren (Abb. 19).

So fährt man fort, bis alle Punkte markiert sind, verbindet sie dann mit Hilfe eines Kurvenlineals und hat so die erste Integralkurve a. Die Endordinate r, multipliziert mit der Polweite und dem Maßstab, ergibt den Flächeninhalt. Eine beliebige Ordinate der Kurve a, multipliziert mit Maßstab und Polweite, ergibt den links davon liegenden Flächeninhalt.

Die Integration der Kurve a erfolgt nun weiter nach Abb. 5 bis 10.

Der Unterschied zwischen der Integration einer Fläche, deren untere Begrenzung die X-Achse bildet, und einer solchen, deren untere Begrenzung durch eine beliebige Kurve gebildet wird, besteht nur darin, daß man bei letzterer die m-Achse des Integranten nicht auf die X-Achse einstellen darf, sondern auf den jeweiligen Schnittpunkt der q-Achse mit der Kurve.

In beiden Fällen handelt es sich darum, die Neigung der Linealkante k für die Mittelordinaten der einzelnen schraffierten Flächenteilchen zu erhalten.

Man kann den Flächeninhalt auch auf folgende Art erhalten (Abb. 20):

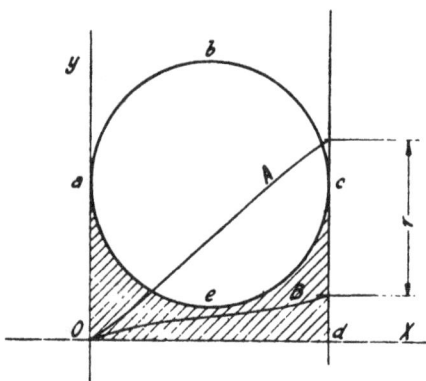

Abb. 20.

Man integriert die ganze Fläche $Oabcd$ und erhält die Kurve A, dann integriert man die schraffierte Fläche $Oaecd$ und erhält die Kurve B. Die Differenz beider Endordinaten, nämlich r, ergibt, mit Maßstab und Polweite multipliziert, den Inhalt der Fläche $abce$. Die Differenz von Zwischenordinaten ergibt den Inhalt der links von den Ordinaten liegenden Fläche von $abce$.

Flächenteilung.

In Abb. 21 soll der Halbkreis in drei gleiche Teile zerlegt werden. Dazu ist nur nötig, die I. Integralkurve zu zeichnen, die Endordinate p in drei gleiche Teile zu teilen, durch die Teilpunkte horizontale Linien zu ziehen, welche die Integralkurve

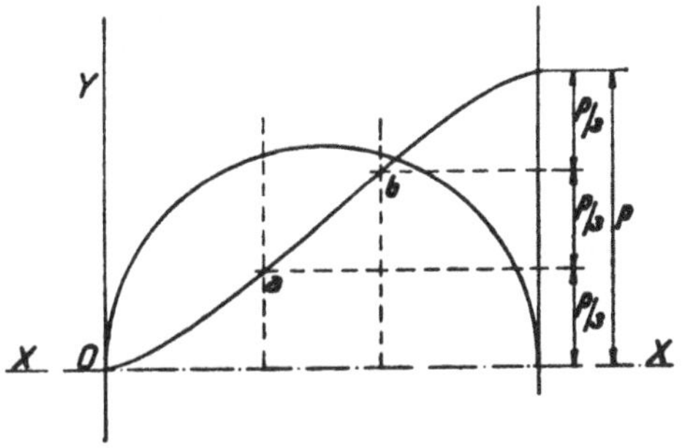

Abb. 21.

in den Punkten a und b schneiden, und die Vertikalen durch diese Punkte zu legen.

Auf diese Art läßt sich die Kreisfläche in beliebigem Verhältnis teilen, z. B. soll in Abb. 22 die gezeichnete Halbkreisfläche durch eine Vertikale in zwei Teile im Verhältnis $r : s$ geteilt werden.

Integration nach Abb. 16 bis 19.

Die Endordinate im Verhältnis $r : s$ teilen, durch den Teilpunkt eine Horizontale bis zum Schnittpunkt c mit der Kurve ziehen und die Vertikale durch c legen.

Oder es soll im Abstand 2 cm von der Y-Achse ein Flächenstück von 8,5 cm² Inhalt abgeschnitten werden.

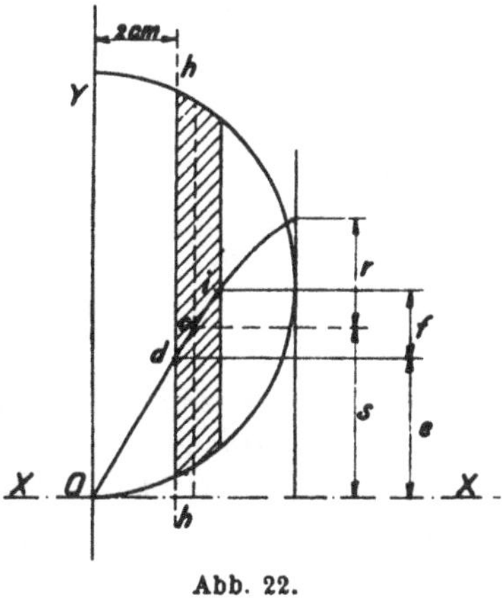

Abb. 22.

Man ziehe die Parallele hh zur Y-Achse im Abstand 2 cm und die Horizontale durch den Schnittpunkt d. Eine zweite Horizontale im Abstand $f = \dfrac{8,5}{\text{Polweite}}$ von der ersteren schneidet die Integralkurve im Punkte i. Die Senkrechte durch i begrenzt die gesuchte schraffierte Fläche.

Es soll das der Fläche $ODEC$ flächengleiche Rechteck $OABC$ ermittelt werden oder mit anderen Worten, welche Lage muß die Horizontale AB annehmen, damit die beiden schraffierten Flächenteile ADF und BEF flächengleich werden? (Abb. 23.)

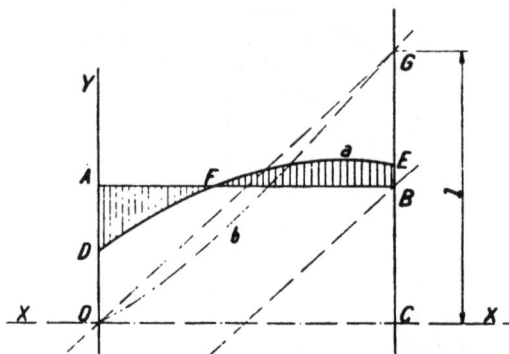

Abb. 23.

1. Operation: I. Integralkurve b zeichnen; Punkt O mit G verbinden.

2. Operation: Die Linealkante k in Richtung von OG stellen.

3. Operation: Den Integranten parallel so verschieben, daß die Marke m in die Gerade OC fällt und Strich q sich mit der Senkrechten CG deckt. Die Linealkante schneidet CG im Punkte B, die Horizontale durch B ergibt die beiden gleich großen schraffierten Flächenstücke.

Der Beweis ist sofort klar, wenn man in umgekehrter Reihenfolge vorgeht, also annimmt, das Rechteck $OABC$ wäre dem Flächenstück $ODEC$ gleich. Wenn man nun beide Teile integriert, müssen die Endordinaten gleich sein, also beide Integralkurven müssen sich im Punkte G treffen.

Dieses Verfahren wird bei der Bestimmung der Auflagerkräfte eines belasteten Trägers häufig angewandt.

Statisches Moment.

Das statische Moment der Fläche $Oegf0$ in bezug auf die Achse kk soll bestimmt werden (Abb. 24).

1. Operation: I. Integralkurve A zeichnen. Jede ihrer Ordinaten (der Zusatz: »Multipliziert mit Maßstab und Polweite« ist selbstverständlich und soll im folgenden stets fort-

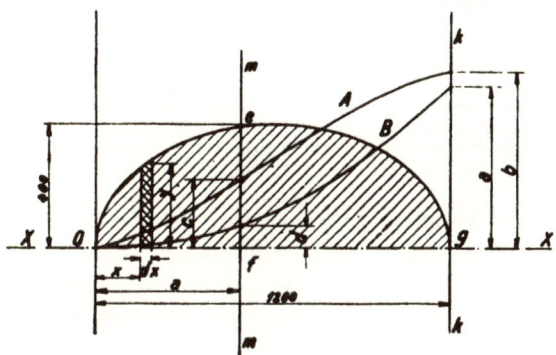

Abb. 24.

gelassen werden) gibt den Inhalt des links davon abgeschnittenen Flächeninhaltes an. Z. B. ergibt die Ordinate c den Inhalt der Fläche Oef.

2. Operation: II. Integralkurve B zeichnen. Jede ihrer Ordinaten gibt das statische Moment der links von ihr liegenden Fläche, bezogen auf die Ordinate als Achse, an. Es gibt also die Ordinate d das statische Moment der Fläche $OefO$, bezogen auf Achse mm, an; nicht etwa das statische Moment der gesamten Fläche $OegfO$, bezogen auf Achse mm!

Beweis: Das statische Moment der Fläche von O bis mm in bezug auf mm wird durch die Formel

$$M = \int_0^a y\,d\,x\,(a-x),$$

worin $y\,d\,x$ das Flächenelement und $(a-x)$ der Hebelarm ist, ausgedrückt. Sie lautet anders auch:

$$M = \int_0^a (a-x)\,y\,d\,x = a\int_0^a y\,d\,x - \int_0^a x\,y\,d\,x.$$

Wendet man hier die teilweise Integration an, so erhält man:

$$M = a\int_0^a y\,d\,x - \left[x\int_0^a y\,d\,x\right] + \int_0^a d\,x\int_0^a y\,d\,x = \int_0^a d\,x\int_0^a y\,d\,x.$$

Blochmann, Das zeichnerische Integrieren. 2

Das ist die Funktion, die man erhält, wenn man mit dem Integranten die Kurve A integriert.

Die Endordinate a ergibt das statische Moment der ganzen Fläche in bezug auf die Achse kk.

Zahlenbeispiel. Das statische Moment einer Ellipse mit den Halbachsen 400 und 600 mm in bezug auf eine durch den Endpunkt der großen Achse gehende Tangente kk ist zu bestimmen.

Für das Arbeiten mit dem Integranten ist es bequemer, bei symmetrischen Flächen nur die halbe Fläche zu integrieren und das Resultat dann mit zwei zu multiplizieren. Dies geht natürlich nur, wenn man die Symmetrieachse als X-Achse nehmen kann.

Polhöhe $= 6{,}5$ cm; 1 cm Abszisse $= 10$ cm in Wirklichkeit.

1 cm Ordinate $= 10$ cm in Wirklichkeit.

Die Endordinate b der Kurve A gibt den Flächeninhalt der halben Ellipse an. 1 cm der Ordinate bedeutet 650 cm^2, und da die Ordinate 5,8 cm lang ist, so beträgt der Inhalt der halben Ellipse $5{,}8 \cdot 650 = 3770$ cm^2.

Die Ordinaten der Kurve B multipliziert mit dem Werte von 1 cm Ordinate der Kurve A ergeben das statische Moment der links von der betreffenden Ordinate liegenden Fläche in bezug auf die Ordinate.

Also stellt das Produkt $a \cdot 10 \cdot 650 \cdot 6{,}5$ das statische Moment der halben Ellipse in bezug auf die kk-Achse dar.

$$M = 5{,}354 \cdot 10 \cdot 650 \cdot 6{,}5 = 226200 \text{ cm}^3.$$

Das statische Moment der Fläche Oef in bezug auf die Achse mm ist

$$M = d \cdot 10 \cdot 650 \cdot 6{,}5 = 0{,}7 \cdot 10 \cdot 650 \cdot 6{,}5 = 29575 \text{ cm}^3.$$

Das statische Moment der ganzen Ellipse in bezug auf Achse kk ist $\quad M = 2 \cdot 226200 = 452400$ cm^3.

Flächenschwerpunkte.

Der Schwerpunkt der gezeichneten Fläche $abcdea$ ist zu bestimmen (Abb. 25).

1. Operation: I. Integralkurve *A* zeichnen.
2. Operation: II. Integralkurve *B* zeichnen.
3. Operation: Achse *m* des Integranten auf die *X*-Achse und Strich *q* auf *KK* einstellen; Lineal so weit drehen, daß Kante *k* durch Punkt *f* geht.
4. Operation: Integrant parallel so verschieben, daß Linealkante *k* durch Punkt *c*, dem Endpunkt der Integralkurve *B*, geht.
5. Operation: Durch den Schnittpunkt *i* der Kante *k* mit der *X*-Achse die Senkrechte legen. Sie ist eine Schwerlinie der Fläche.
6. Operation: In der gleichen Weise ermittelt man nach Drehung der Fläche um einen beliebigen Winkel eine zweite

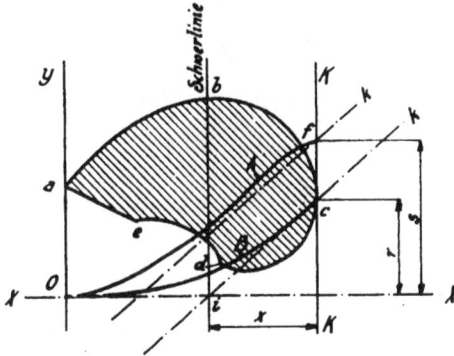

Abb. 25.

Schwerlinie; der Schnittpunkt beider Schwerlinien ist der Schwerpunkt.

Dieses Verfahren ist unabhängig von der Einstellung der Polweite!

Eine Schwerlinie läßt sich auch folgendermaßen ermitteln:

Die Endordinate der ersten Integralkurve gibt den Flächeninhalt *F* an, diejenige der zweiten Integralkurve *B* das statische Moment der Fläche, bezogen auf Achse *KK*. Da nun das statische Moment für eine beliebige Achse gleich dem Produkt aus der Fläche und ihrem Schwerpunktsabstand ist, so ist umgekehrt der Schwerpunktsabstand gleich dem Quotienten aus Moment und Flächeninhalt, also

$$\text{Abstand} = \frac{\text{stat. Moment}}{\text{Flächeninhalt}}.$$

Angenommen, die Fläche ist in Wirklichkeit 5mal größer als gezeichnet, so würde ein Zahlenbeispiel folgenden Schwerpunktsabstand ergeben:

1 cm in Abszissenrichtung gemessen bedeutet 5 cm in Wirklichkeit und

1 cm in Ordinatenrichtung gemessen bedeutet 5 cm in Wirklichkeit.

Integriert wurde mit Polhöhe 6.

Dann bedeutet 1 cm Ordinate der I. Integralkurve A

$$5 \cdot 5 \text{ cm} \cdot 6 \text{ cm} = 150 \text{ cm}^2$$

und 1 cm der II. Integralkurve B

$$5 \cdot 150 \text{ cm}^2 \cdot 6 \text{ cm} = 4500 \text{ cm}^3.$$

Endordinate s gemessen zu 5 cm, folglich ihr wirklicher Wert

$$s = 5 \cdot 150 \text{ cm}^2 = 750 \text{ cm}^2 = F$$

und Endordinate r gemessen zu 3,1 cm hat einen wirklichen Wert von

$$r = 3{,}1 \cdot 4500 \text{ cm}^3 = 13950 \text{ cm}^3 = M$$

folglich

$$x = \frac{13950}{750} = 18{,}6 \text{ cm}.$$

Dieses Verfahren kann als Kontrolle des oben beschriebenen rein zeichnerischen Verfahrens angewendet werden.

Ein drittes, rein zeichnerisches Verfahren ist das folgende (Abb. 30):

Man zeichnet die I. und II. Integralkurve A und B vom Koordinatenanfangspunkt O aus und die I. und II. Integralkurve A' und B' vom Koordinatenanfangspunkte O' aus. Der Schnittpunkt der beiden Kurven B und B' ist ein Punkt der senkrechten Schwerlinie. Dies erhellt daraus, daß für die Schwerlinie einer Fläche das statische Moment links der Linie gleich demjenigen rechts der Linie ist. Da die Ordinaten der Kurve B jeweils das statische Moment der links davon liegenden Fläche in bezug auf die Ordinate und die Ordinaten der Kurve B' dasjenige der rechts davon liegenden Fläche in bezug auf die Ordinate angeben, so muß die Ordinate im Schnittpunkt von B und B' die Schwerlinie sein. (A und A' schneiden sich nur zufällig auf der Schwerlinie.)

Dieses Verfahren nimmt mehr Zeit in Anspruch, bietet aber einen Vorteil bei der Ermittlung des Trägheitsmomentes (siehe später).

Die senkrechte Schwerlinie der von der Kurve *abc* und der X-Achse begrenzten Fläche ohne Rücksicht auf das Flächenvorzeichen soll ermittelt werden (Abb. 26).

1. Operation: I. Integralkurve *A* zeichnen. Der über der X-Achse liegende Teil der Fläche wird nach Abb. 5 bis 10, der untere der X-Achse nach Abb. 16 bis 19 integriert.

2. Operation: II. Integralkurve *B* zeichnen.

3. Operation: Achse *m* des Integranten auf X-Achse und Strich *q* auf K K-Achse einstellen. Lineal drehen, bis Kante *k* durch *e* führt.

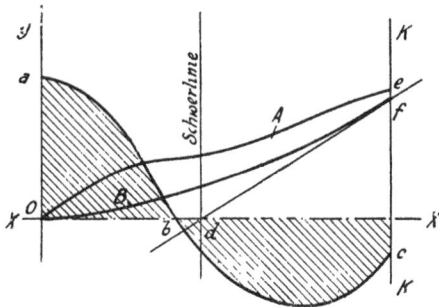

Abb. 26.

4. Operation: Integrant parallel so verschieben, daß Linealkante *k* durch *f* geht. Der Schnittpunkt *d* der Kante *k* mit der X-Achse ist ein Punkt der Schwerlinie.

Der Schwerpunkt *S* der gezeichneten schraffierten Fläche ist zu bestimmen (Abb. 27).

1. Operation: I. Integralkurve *A* nach Abb. 16 bis 19 zeichnen. Hierbei taucht die Frage auf, auf welche Weise ein Flächenstück wie das von den Senkrechten *1* und *2* herausgeschnittene, nicht zusammenhängende Flächenteilchen, integriert wird. Man verfährt folgendermaßen:

Man stellt Strich *q* des Integranten auf Mitte zwischen *1* und *2*, Achse *m* auf Punkt *c* und dreht Lineal bis Punkt *a*; dann verschiebt man den Integranten senkrecht, stellt *q* wieder auf Mitte von *1* und *2*, den Schnittpunkt von Linealkante *k* mit *q* auf die Kurve im Punkt *d* und dreht das Lineal weiter bis Punkt *b*; man hat auf diese Weise die Neigungen der beiden mittleren

Ordinaten ac und bd addiert. Das gleiche würde man erreichen, wenn man die Strecke bd an ac etwa im Punkte a anträgt und die Neigung der beiden Strecken zusammen mit dem Integranten abnimmt. Hat man die Neigung erhalten, so verfährt man weiter nach Abb. 16 bis 19.

2. Operation: II. Integralkurve B zeichnen (nach Abb. 5 bis 10).

3. Operation: Schwerlinie wie im vorigen Beispiel ermitteln.

4. Operation: Integrant um 90° drehen, so daß die Linealdrehpunkte unten liegen. (Beim Winkel-Integranten unter Benutzung eines Zeichendreiecks.)

Man integriert jetzt die Fläche in der gleichen Weise wie vorher, indem man die Achse MM als Basis annimmt und die Fläche durch zur NN-Achse parallele Striche in Streifen zerlegt.

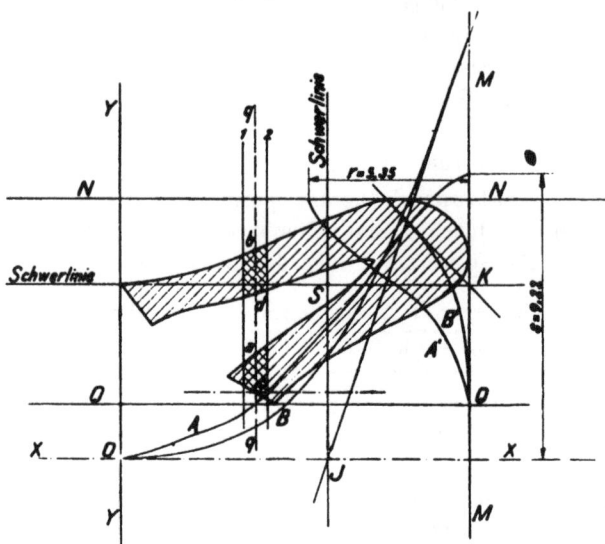

Abb. 27.

Koordinatenanfangspunkt sei O' oder ein anderer beliebiger Punkt auf der QQ-Achse. Man integriert nunmehr mit horizontal liegendem q-Strich sinngemäß wie vorher und erhält die I. Integralkurve A'.

5. Operation: II. Integralkurve B' zeichnen.

6. Operation: Schwerlinie wie vorher durch Ermittlung des Punktes K feststellen.

Der Schnittpunkt beider Schwerlinien ist der Schwerpunkt S.

Die Endordinaten der ersten Integralkurve von A und A' müssen beide den Inhalt der Fläche angeben. Kurve A wurde erhalten durch Integration mit Polhöhe 3,25. Endordinate s mißt 9,22 cm; folglich ergibt sich der Flächeninhalt zu $3,25 \cdot 9,22 = 29,965$ cm².

Kurve A' wurde durch Integration mit Polhöhe 5,6 erhalten, Endordinate $r = 5,35$; folglich Flächeninhalt $5,6 \cdot 5,35 = 29,96$ cm².

Flächen-Trägheitsmomente.

I. Trägheitsmomente für eine beliebige Achse.

Die Kurve der Trägheitsmomente der schraffierten Fläche soll ermittelt werden (Abb. 28).

1. Operation: I. Integralkurve A zeichnen.
2. Operation: II. Integralkurve B zeichnen.
3. Operation: III. Integralkurve C zeichnen.

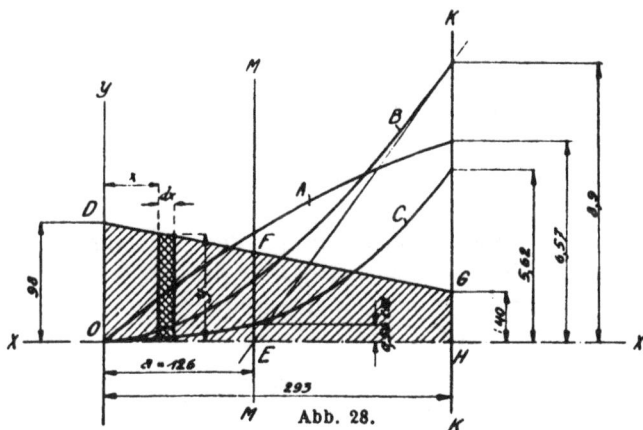

Abb. 28.

Die Ordinaten der III. Integralkurve geben stets nur das halbe Trägheitsmoment an; der Endwert ist also mit 2 zu multiplizieren!

Also ist z. B. die von der Senkrechten MM durch die Kurve C abgeschnittene Ordinate multipliziert mit 2 das Trägheitsmoment der Fläche $ODFE$ in bezug auf Achse MM. Die Endordinate multipliziert mit 2 gibt dasjenige der ganzen Fläche in bezug auf Achse KK an.

Beweis: Das Trägheitsmoment der Fläche von O bis ME in bezug auf ME drückt sich durch folgende Formel aus:

$$T = \int\limits_0^a \underbrace{y\,d\,x}_{\text{Flächenelement}} \cdot \underbrace{(a-x)^2}_{\text{(Hebelarm)}^2}.$$

Auf diesen Ausdruck wenden wir die teilweise Integration an. Zuerst entsteht:

$$T = \left|(a-x)^2 \int y\,d\,x\right|_0^a + \int\limits_0^a 2 \cdot (a-x)\,d\,x \cdot \int\limits_0^a y\,d\,x.$$

Dann, wenn man im ersten Gliede die Grenzen einsetzt und das zweite Glied auflöst:

$$T = 2\,a \cdot \int\limits_0^a d\,x \cdot \int\limits_0^a y\,d\,x - 2 \cdot \int\limits_0^a x\,d\,x \cdot \int\limits_0^a y\,d\,x.$$

Und nach nochmaliger teilweiser Integration:

$$T = 2\,a \cdot \int\limits_0^a d\,x \cdot \int\limits_0^a y\,d\,x - 2 \cdot \left|x \int\limits_0^a d\,x \int\limits_0^a y\,d\,x\right|_0^a + 2 \cdot \int\limits_0^a d\,x \int\limits_0^a d\,x \int\limits_0^a y\,d\,x$$

bis schließlich nach Einsetzung der Grenzen entsteht:

$$\frac{T}{2} = \int\limits_0^a d\,x \int\limits_0^a d\,x \int\limits_0^a y\,d\,x.$$

Diesen Ausdruck können wir mit dem Integranten bilden, wenn wir erst DFG, dann A und zum Schluß B integrieren.

Ein Zahlenbeispiel mit den eingeschriebenen Maßen für die Fläche gestaltet sich folgendermaßen:

Die Fläche sei im Maßstab 1 : 2,5 gezeichnet, also bedeutet

1 cm in Ordinatenrichtung 2,5 cm in Wirklichkeit und

1 cm in Abszissenrichtung 2,5 cm in Wirklichkeit.

Integriert wurde Kurve A mit Polhöhe 5,

Kurve B mit Polhöhe 5,

Kurve C mit Polhöhe 6,4.

Also

1 cm Ordinate Kurve $A = 2{,}5 \cdot 2{,}5 \cdot 5 \qquad = \quad 31{,}25\,\mathrm{cm^2}$

1 cm Ordinate Kurve $B = 2{,}5 \cdot 31{,}25 \cdot 5 \quad = \quad 390{,}63\,\mathrm{cm^3}$

1 cm Ordinate Kurve $C = 2{,}5 \cdot 390{,}6 \cdot 6{,}4 = 6250{,}0 \quad \mathrm{cm^4}$

Die Endordinate von Kurve C mißt 5,62 cm, folglich

$$J = 5{,}62 \cdot 6250 \cdot 2 = 70250 \ \mathrm{cm^4}.$$

Das Trägheitsmoment der Fläche $ODFE$ bezogen auf Achse MM ist

$$J = 0{,}56 \cdot 6250 \cdot 2 = 7010 \ \mathrm{cm^4}.$$

E^8 ist wohl zu beachten, daß man das Trägheitsmoment der ganzen Fläche $ODGH$ nicht durch Verdopplung der Ordinate 0,56 erhält. Dies würde nur bei einer zur Schwerlinie symmetrischen Fläche, wie etwa der Ellipse in Abb. 29, einen richtigen Wert ergeben.

II. Trägheitsmoment für eine Schwerachse, wenn deren Lage bekannt ist.

Das Trägheitsmoment der gezeichneten Ellipse mit den Halbachsen 122 und 82 mm in bezug auf die kleine Achse ist zu ermittneln (Abb. 29).

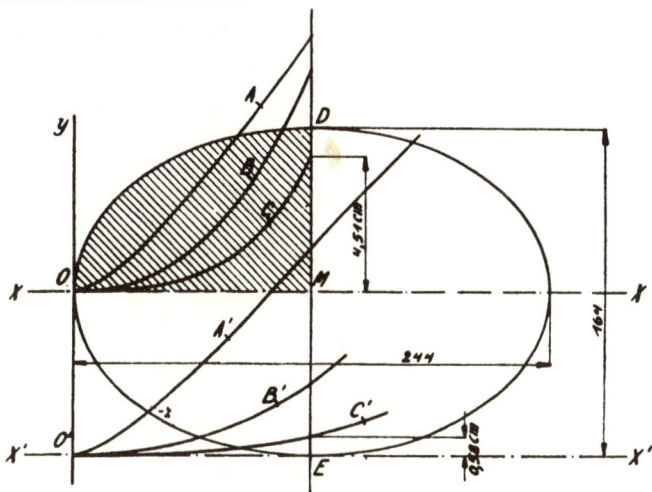

Abb. 29.

Lösung: I., II. und III. Integralkurve A, B und C zeichnen. Endordinate der Kurve C multipliziert mit 2 gibt das Trägheitsmoment für den schraffierten Quadranten in bezug auf die Achse DME an.

Maßstab der Zeichnung 1 : 1,5.

Polweite für alle 3 Kurven $= 4$ cm.

Also:

$$1 \text{ cm Ordinate Kurve } A = 1,5 \cdot 1,5 \cdot 4 = 9 \text{ cm}^2$$
$$1 \text{ cm Ordinate Kurve } B = 1,5 \cdot 9 \cdot 4 = 54 \text{ cm}^3$$
$$1 \text{ cm Ordinate Kurve } C = 1,5 \cdot 54 \cdot 4 = 324 \text{ cm}^4$$
$$J = 4 \cdot 4,51 \cdot 324 \cdot 2 = 11\,700 \text{ cm}^4.$$

In der gleichen Abbildung ist noch eine zweite Lösung durchgeführt. Es wurde statt nur eines Quadranten gleich die halbe Ellipse $ODMEO$ integriert. Mit der Polweite 10 erhält man von O' aus die drei Kurven A', B' und C'.

(Integration der Kurve A' nach Abb. 16 bis 19.)

$$1 \text{ cm Ordinate Kurve } A' = 1,5 \cdot 1,5 \cdot 10 = 22,5 \text{ cm}^2$$
$$1 \text{ cm Ordinate Kurve } B' = 1,5 \cdot 22,5 \cdot 10 = 337,5 \text{ cm}^3$$
$$1 \text{ cm Ordinate Kurve } C' = 1,5 \cdot 337,5 \cdot 10 = 5050,0 \text{ cm}^4$$
$$J = 2 \cdot 0,58 \cdot 5050 \cdot 2 = 11\,700 \text{ cm}^4.$$

III. Trägheitsmoment für eine Schwerachse, wenn diese nicht bekannt ist.

Das Trägheitsmoment der schraffierten Fläche $OEO'FO$ für die senkrechte Schwerlinie ist zu bestimmen (Abb. 30).

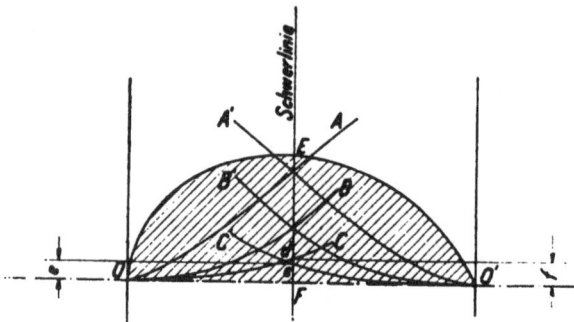

Abb. 30.

Lösung: I., II. und III. Integralkurve A, B und C zeichnen mit dem unteren Lineal des Integranten vom Koordinatenanfangspunkt O aus.

Dann I., II. und III. Integralkurve A', B' und C' mit dem oberen Lineal des Integranten vom Punkte O' aus zeichnen. Durch den Schnittpunkt der beiden Kurven B und B' geht die Schwerlinie. Die Kurven A und A' schneiden sich nur zufällig auf der Schwerachse.

Die Summe der beiden von den Kurven C und C' abgeschnittenen Strecken e und f multipliziert mit 2 gibt das Trägheitsmoment nach folgendem Zahlenbeispiel an:

Angenommen, die Fläche sei im Maßstab 1 : 4 gezeichnet und die Kurven seien mit Polhöhe 5 integriert, dann ist

1 cm Ordinate Kurve A oder $A' = 4 \cdot 4 \cdot 5 = 80$ cm^2
1 cm Ordinate Kurve B oder $B' = 4 \cdot 80 \cdot 5 = 1600$ cm^3
1 cm Ordinate Kurve C oder $C' = 4 \cdot 1600 \cdot 5 = 32000$ cm^4.

Gemessen $e = 0{,}6$ cm,
$\qquad\quad f = 0{,}76$ cm.

Also: $J_s = (0{,}6 + 0{,}76) \cdot 32000 \cdot 2 = 87100$ cm^4.

Die Schwerlinie SS des Kurvenzuges a ist zu bestimmen (Abb. 31).

Lösung:

1. Operation: Auf der Kurve a gleiche Strecken 1—2, 2—3, 3—4 usw. abtragen; die gleichen Strecken oder Bruchteile davon von O aus auftragen. Durch die Punkte 1, 2, 3 usw. senkrechte und wagerechte Geraden ziehen. Die Schnittpunkte von 11, 22, 33, ... sind Punkte der Kurve b. Die Ordinaten dieser Kurve geben jeweils die Länge des links von ihnen liegenden Kurvenstückes a an.

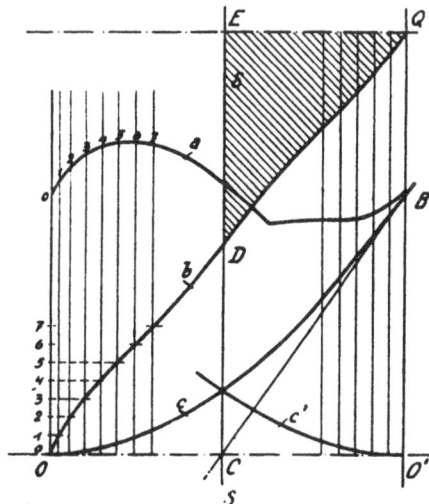

Abb. 32.

2. Operation: Kurve b integrieren; ergibt Kurve c. Schnittpunkt von BC mit OO' gibt einen Punkt der Schwerlinie SS. Als Kontrolle kann noch der Schnittpunkt von Kurve c und c' bestimmt werden, der gleichfalls ein Punkt der Schwerlinie SS ist (vgl. Abb. 25 u. 30). Um die Kurve b nicht ein zweites Mal vom Koordinatenanfangspunkt O' aus zur Konstruktion von c' zeichnen zu müssen, kann man den schraffierten Teil QDE mit Kurve b als Basis integrieren und erhält dann gleichfalls die Kurve c'. Letzteres Verfahren wird sich immer dann empfehlen, wenn man von vornherein die Kurve b vollständig gezeichnet hat.

Nach Integration der Kurven c und c' erhält man das Trägheitsmoment des Kurvenzuges a wie bei der Integration von Flächen.

Bestimmung von Auflagerkräften.

Die Auflagerkräfte A und B des durch die Lasten P_1, P_2 und P_3 belasteten Trägers sind zu ermitteln (Abb. 32).

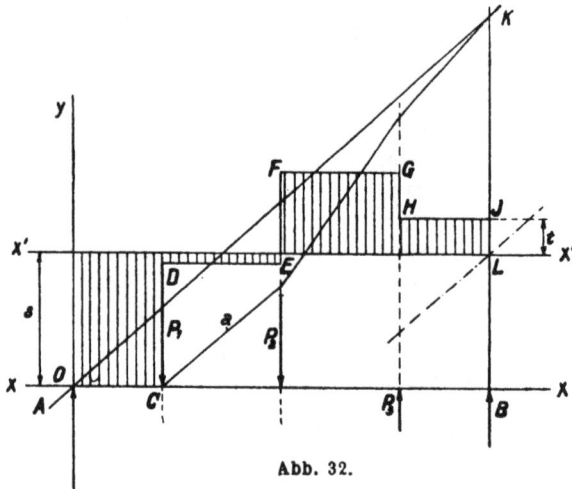

Abb. 32.

1. Operation: Die Scherkraftsfläche $CDEFGHJB$ ist zu zeichnen ohne Rücksicht auf die noch unbekannten Auflagerkräfte.

2. Operation: Integration dieser Scherkraftsfläche; man erhält den Linienzug *a* und verbindet den Anfangspunkt *O* und den Endpunkt *K* von *a* durch eine Gerade.

3. Operation: Die Linealkante *k* in Richtung *OK* stellen.

4. Operation: Den Integranten parallel so verschieben, daß die Marken *m* in die Gerade *A B* fallen und Strich *q* sich mit irgendeiner Vertikalen deckt, z. B. *KB*. Die Linealkante trifft *K B* dann im Punkte *L*; die Horizontale durch *L* schneidet die Längen *s* und *t* ab, welche die Auflagerkräfte darstellen.

Der schraffierte Teil der Scherkraftsfläche über der *X'*-Achse ist demjenigen unter der *X'*-Achse flächengleich (vgl. Abb. 23).

Elastische Linien.

Die Durchbiegung eines Duraluminträgers, der frei auf zwei 500 mm voneinander entfernten Stützen aufliegt und wie gezeichnet belastet ist, soll ermittelt werden. Der Träger hat auf der ganzen Länge das gleiche Trägheitsmoment $J = 31{,}5 \text{ cm}^4$ (Abb. 33).

1. Operation: Scherkraftsfläche in üblicher Weise zeichnen. Die Maßstäbe sind so gewählt, daß darin 1 cm in der Abszissen-

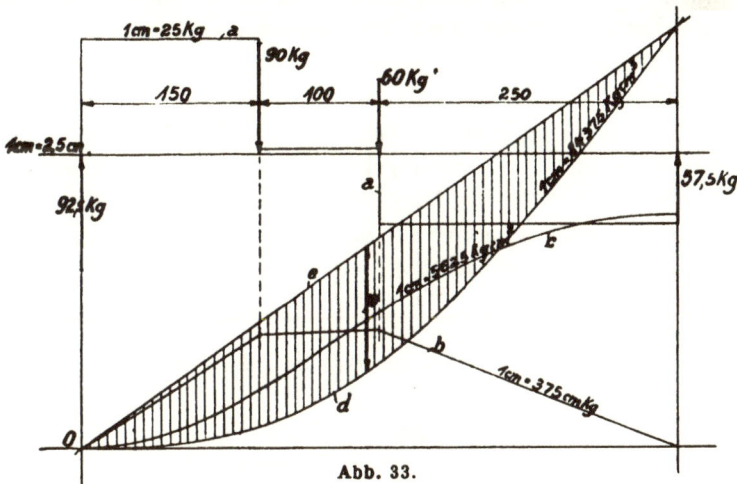

Abb. 33.

richtung der Zeichnung gemessen 2,5 cm in Wirklichkeit und
1 cm in der Ordinatenrichtung der Zeichnung gemessen 25 kg
in Wirklichkeit bedeutet. Es empfiehlt sich, bei dem Belastungsschema den Längenmaßstab zu vermerken und an jede Kurve
anzuschreiben, was 1 cm Ordinatenlänge bedeutet (wie es die
Abbildung zeigt).

Die nunmehr folgenden Integralkurven können alle vom
Koordinatenanfangspunkt O aus gezeichnet werden, ebenso kann
aber auch jede Kurve von einem unter O in einem beliebigen
Abstand liegenden Punkt an gezeichnet werden. Ersteres hat
neben Papierersparnis den Vorteil, daß man die Ordinaten nicht
so lang durchzuzeichnen braucht.

2. Operation: Aus der Scherkraftskurve a ist die I. Integralkurve b zu zeichnen.

Die Polweite wählt man so klein, daß bei der höchsten Stelle
der zu integrierenden Kurve das Lineal am Rahmen nicht an-
stößt. Die Polweite kann bei jeder Kurve nach Bedarf neu eingestellt werden.

3. Operation: Aus der Kurve b ist die Integralkurve c
zu zeichnen wie vorher.

Wahl der Polweite wie vorher nach der höchsten Stelle der
Kurve b. Selbstverständlich kann man auch mit der vorigen
Polhöhe weiter integrieren, doch wird unter Umständen die
letzte Kurve dann sehr flach und ungenau.

4. Operation: Aus der Kurve c ist die Integralkurve d
zu zeichnen, welche die elastische Linie darstellt.

Zu dieser zieht man die Schlußlinie e. Die Ordinaten zwischen dieser und der Kurve d geben den Wert der Durchbiegung
für den Träger nach folgender Betrachtung an:

In der Differentialkurve a bedeutet:
1 cm in der Abszissenrichtung der Zeichnung 2,5 cm in Wirklichkeit und 1 cm in der Ordinatenrichtung der Zeichnung 25 kg
in Wirklichkeit.

Ist die Polweite 6, wie im Beispiel, dann bedeutet in der
gewonnenen Integralkurve b:
1 cm in der Ordinatenrichtung der Zeichnung

$$2,5 \text{ cm} \cdot 25 \text{ kg} \cdot 6 = 375 \text{ kgcm und}$$

1 cm in der Ordinatenrichtung der Kurve c

$$2,5 \text{ cm} \cdot 375 \text{ kgcm} \cdot 6 = 5625 \text{ kgcm}^2 \text{ und}$$

1 cm in der Ordinatenrichtung der Kurve d

$$2,5 \text{ cm} \cdot 5625 \text{ kgcm}^2 \cdot 6 = 84375 \text{ kgcm}^3,$$

oder allgemein nach der auf S. 11 angegebenen Regel.

Die Ordinate der größten Durchbiegung $p = 4$ cm hat also im vorliegenden Beispiel einen Wert von $4 \cdot 84375$ kgcm³. Dividiert man diesen Wert durch Elastizitätsmodul und Trägheitsmoment des Trägers, so erhält man die wirkliche Durchbiegung in cm:

$$\text{also } f = \frac{4 \cdot 84375}{700000 \cdot 31,5} = 0,0155 \text{ cm}.$$

Die Durchbiegung einer Stahlwelle, welche frei auf zwei 870 mm voneinander entfernten Stützen aufliegt und gleichmäßig verteilt belastet ist, soll ermittelt werden (Abb. 34).

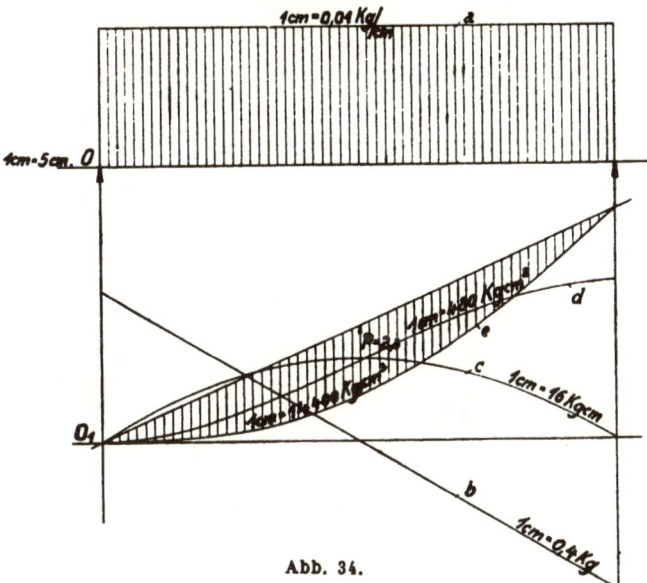

Abb. 34.

Trägheitsmoment in allen Querschnitten $= 20$ cm⁴.

Belastungsschema ist in der Abbildung oben angegeben.

Es bedeutet darin:

1 cm in der Abszissenrichtung der Zeichnung 5 cm in Wirklichkeit und

1 cm in Ordinatenrichtung der Zeichnung 0,01 kg pro 1 cm Länge
    in Wirklichkeit.

Die Aufgabe unterscheidet sich von der vorigen nur dadurch,
daß man jetzt die Scherkraftskurve durch Integration der Belastungskurve erhalten kann.

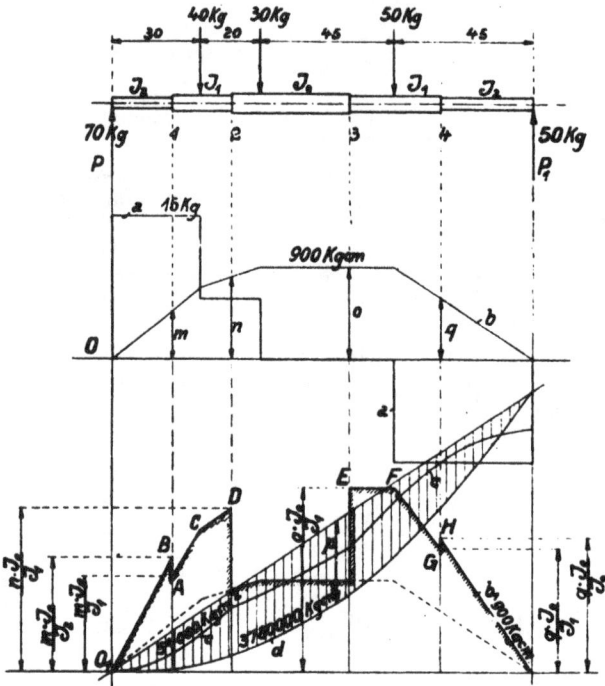

Abb. 35.

Die Ordinaten der Scherkraftskurve b ergeben die Bezeichnung kg, denn (bei Polweite 8 cm):

$$1 \text{ cm} = 5 \cdot 0{,}01 \text{ kg/cm} \cdot 8 \text{ cm} = 0{,}4 \text{ kg}.$$

Die Integration der übrigen Kurven erfolgt in der vorher
beschriebenen Weise.

Die Vorteile der Integration der Belastungskurve treten deutlich hervor, wenn die Belastungskurve eine ungleichmäßige ist. Es folgt, daß bei Einzelkräften die Scherkraftskurve meist durch Rechnung, bei gleichmäßig verteilter Belastung durch Rechnung oder durch Integrieren und bei ungleichmäßig verteilter Belastung nur durch Integrieren gefunden werden kann. Die Ordinaten der Kurven haben die beigeschriebenen Werte. Ordinate der größten Durchbiegung ist $p = 2{,}3$ cm. Also

$$\text{Durchbiegung } f = \frac{2{,}3 \cdot 14400}{2200000 \cdot 20} = 0{,}000756 \text{ cm.}$$

Die Durchbiegung einer abgesetzten Welle bei der eingezeichneten Belastung ist zu bestimmen (Abb. 35).

1. Operation: Scherkraftsfläche a zeichnen.

Es bedeutet darin:

1 cm in der Abszissenrichtung der Zeichnung gemessen 10 cm in Wirklichkeit,

1 cm in der Ordinatenrichtung der Zeichnung gemessen 15 kg in Wirklichkeit.

2. Operation: Aus der Scherkraftskurve durch Integration die Momentenkurve b zeichnen.

Aus dieser ist die sog. verzerrte Momentenfläche oder -kurve b_1 auf folgende Art zu ermitteln.

Man zieht zunächst an den Wellenabsätzen die Senkrechten 1, 2, 3, 4 durch und rechnet die einzelnen Trägheitsmomente J_0, J_1 und J_2 aus. Dann multipliziert man sämtliche Ordinaten der Momentenfläche b:

$$\text{zwischen } P \text{ und } 1 \text{ mit } \frac{J_0}{J_2}$$

$$\text{» } 1 \text{ und } 2 \text{ » } \frac{J_0}{J_1}$$

$$\text{» } 2 \text{ und } 3 \text{ » } \frac{J_0}{J_0}$$

$$\text{» } 3 \text{ und } 4 \text{ » } \frac{J_0}{J_1}$$

$$\text{» } 4 \text{ und } P_1 \text{ » } \frac{J_0}{J_2}$$

und trägt die erhaltenen Werte als verzerrte Momentenkurve b_1 auf. Zwischen 2 und 3 bleibt die Momentenkurve, wie leicht

Blochmann, Das zeichnerische Integrieren. 3

verständlich, die alte. Besteht die Momentenkurve aus geraden
Linien, so braucht man nur die Ordinaten der Punkte A, B, C,
D, E, F, G, H auszurechnen und diese durch gerade Linien zu
verbinden.

Wird die Momentenfläche von einer Kurve begrenzt, so
ergibt die verzerrte Momentenfläche ebenfalls eine Kurve, und
man muß sich eine genügende Anzahl Ordinaten ausrechnen,
um den Verlauf der Kurve sicher festlegen zu können.

Ist die Welle konisch, so erhält man aus der geradlinigen
Momentenkurve unter dem konischen Teil der Welle eine Kurve,
wie aus Beispiel Abb. 36 ersichtlich ist.

Die nun folgende Bestimmung der Durchbiegung geht in
der üblichen Weise weiter vor sich. Durch Integration der
verzerrten Momentenkurve erhält man die Kurve c und durch
nochmalige Integration dieser die elastische Linie d. Als Trägheitsmoment ist in die Formel J_0 einzusetzen.

Kurve b_1 und c wurde durch Integration mit Polhöhe 6,
Kurve d mit Polhöhe 7 cm gezeichnet, also bedeutet bei den
Ordinaten der

Kurve b: 1 cm = $10 \cdot 15 \cdot 6$ =   900 kgcm
» b_1: 1 cm = — — —   =   900 kgcm
» c: 1 cm = $10 \cdot 900 \cdot 6$ =   54000 kgcm²
» d: 1 cm = $10 \cdot 54000 \cdot 7$ = 3780000 kgcm³

Ordinate $p = 2{,}66$ cm.

$$\text{Durchbiegung } f = \frac{2{,}66 \cdot 3\,780\,000}{2\,200\,000 \cdot 64} = 0{,}0716 \text{ cm.}$$

Die Durchbiegung der gezeichneten Welle ist bei der angegebenen Belastung zu berechnen (Abb. 36).

1. Operation: Scherkraftsfläche a zeichnen.

Es bedeutet darin:

1 cm in der Abszissenrichtung der Zeichnung gemessen 10 cm in
    Wirklichkeit und

1 cm in der Ordinatenrichtung der Zeichnung gemessen 100 kg
    in Wirklichkeit.

2. Operation: Aus der Scherkraftskurve a durch Integration die Momentenkurve b zeichnen.

Aus dieser ist die verzerrte Momentenkurve nach Anleitung
des vorigen Beispiels zu zeichnen. Sie unterscheidet sich von

der des vorigen Beispiels insofern, als infolge der Konizität der Welle in der verzerrten Kurve krumme Linien erscheinen. Zu diesen Kurven findet man die Punkte in der Weise, daß man sich den konischen Teil der Welle in eine Anzahl gleicher

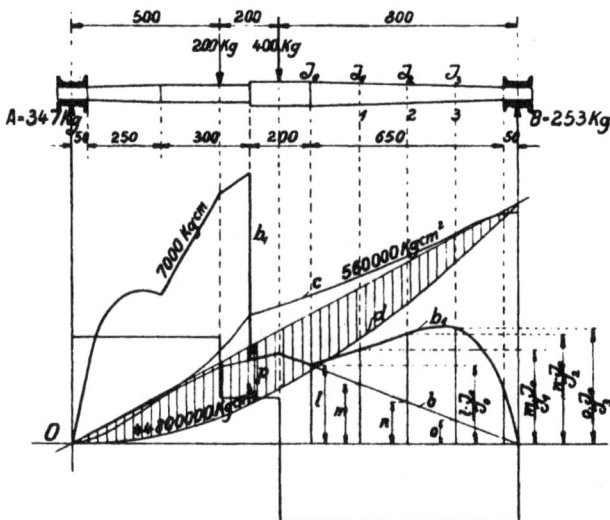

Abb. 36.

Teile teilt und die Senkrechten *1, 2, 3* durchzieht. Dann rechnet man die Trägheitsmomente J_1, J_2 und J_3 in den Teilpunkten aus und multipliziert die durch die *b*-Kurve von den Senkrechten abgeschnittenen Ordinaten *m, n, o* mit

$$\frac{J_0}{J_1}, \quad \frac{J_0}{J_2} \quad \text{und} \quad \frac{J_0}{J_3}.$$

Die erhaltenen Werte sind Punkte der Kurve b_1.

Die weiteren Operationen wie bei Abb. 35.

Kurve *b* wurde mit Polhöhe 7, Kurve *c* und *d* mit Polhöhe 8 cm erhalten; also bedeutet bei den Ordinaten der

Kurve *b* u. b_1: 1 cm = 10 · 100 · 7 = 7000 kgcm

» *c*: 1 cm = 10 · 7000 · 8 = 560000 kgcm²

» *d*: 1 cm = 10 · 560000 · 8 = 44800000 kgcm³

Ordinate $p = 1{,}88$ cm; $J_0 = 201$ cm⁴.

Durchbiegung $f = \dfrac{1{,}88 \cdot 44800000}{2200000 \cdot 201} = 0{,}19$ cm.

3*

Die elastische Linie des ungleichmäßig belasteten, frei aufliegenden Trägers ist zu bestimmen (Abb. 37).

Die schraffierte, im Maßstab 1 : 1,5 gezeichnete Fläche gibt die Verteilung der Belastung an; jeder cm² der wirklichen Fläche bedeutet 10 kg.

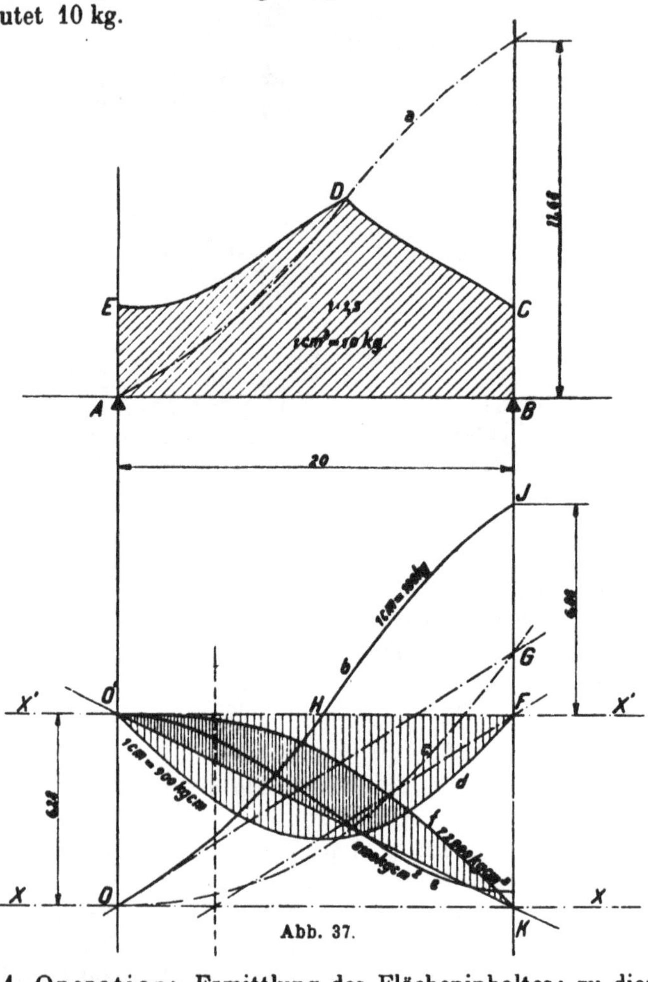

Abb. 37.

1. Operation: Ermittlung des Flächeninhaltes; zu diesem Zweck I. Integralkurve *a* zeichnen. Ihre Endordinate ist 11,68 cm lang und gibt den Flächeninhalt bei Polweite 5 zu

$$11,68 \cdot 1,5 \cdot 1,5 \cdot 5 = 131,6 \text{ cm an.}$$

Da 1 cm² 10 kg bedeutet, so ist die Gesamtlast des Trägers
131,6 · 10 = 1316 kg.

2. Operation: Scherkraftskurve zeichnen. Es wird ver-
langt, daß 1 cm Ordinate dieser Kurve 100 kg bedeutet. Wie ist
für diese Forderung die Polweite des Integranten zu ermitteln?

Die Belastung beträgt 1316 kg, folglich muß die Endordinate
der Scherkraftskurve $\frac{1316}{100} = 13,16$ cm lang sein und dabei den
Inhalt der Fläche $A\,BC\,D\,E$ mit 131,6 cm angeben. Nach Frühe-
rem ist Fläche = Endordinate · Maßstab · Polweite, also Polweite

$$p = \frac{\text{Fläche}}{\text{Endordinate} \cdot \text{Maßstab}}$$

$$= \frac{131,6}{13,16 \cdot 1,5 \cdot 1,5} = 4,44 \text{ cm}.$$

Bei Integration mit dieser Polweite erhält man die Scherkraftskurve b in dem Maßstab, daß 1 cm Ordinate 100 kg bedeutet.

3. Operation: Bestimmung der Auflagerkräfte A und B
(nach Abb. 23 u. 32). Integralkurve c zeichnen, Punkt G mit O
verbinden usw. Man erhält so die X'-Achse und in den Ordinaten
6,28 cm und 6,88 cm den Wert für die Auflager mit 628 und
688 kg.

4. Operation: Kurve b integrieren in bezug auf die X'-
Achse als Basis. Dies ergibt die Momentenkurve d. Diese Kurve
gibt eine Kontrolle über die richtige Lage der X'-Achse. Wenn
nämlich $OO'H$ flächengleich HFI ist, dann muß die in O' ange-
fangene Kurve d durch F gehen.

5. Operation: Integralkurve e zeichnen.

6. Operation: Integralkurve f zeichnen; diese gibt die
Durchbiegungen als Ordinaten zwischen der Schlußlinie $O'K$
und der Kurve f an, nach folgender Rechnung:

Integriert wurde Kurve d, e und f mit Polhöhe 6; also bedeutet bei der Ordinate der

Kurve d: 1 cm = 1,5 · 100 · 6 =   900 kgcm
» e: 1 cm = 1,5 · 900 · 6 = 8100 kgcm²
» f: 1 cm = 1,5 · 8100 · 6 = 72900 kgcm³.

Hieraus ist bei bekanntem Material und Trägheitsmoment
die Durchbiegung wie im vorigen Beispiel zu berechnen.

Die kritische Drehzahl der gezeichneten konischen Welle unter ausschließlicher Berücksichtigung des Eigengewichtes ist zu bestimmen (Abb. 38).

Vorbemerkung: Die kritische Winkelgeschwindigkeit ist

$$\omega_k = \sqrt{\frac{g}{f}},$$

worin $g = 981$ cm/s^2 und f die unter dem Angriffspunkt der Last und nur durch diese Last allein hervorgerufene Durchbiegung bedeutet (nicht die maximale Durchbiegung!); die Welle ist gewichtslos gedacht.

Wirken mehrere Gewichte auf die Welle, so muß man für jedes einzelne Gewicht allein die darunter hervorgerufene Durchbiegung ermitteln und die einzelnen Durchbiegungen nachher addieren, also

$$\omega_k = \sqrt{\frac{g}{\Sigma f}}.$$

Für zylindrische Wellen mit einfachen Belastungen empfiehlt sich die Anwendung der bekannten Durchbiegungsformeln, Hütte, Bd. I.

Für abgesetzte, konische oder beliebig anders gestaltete Wellen mit beliebigen Lasten (Einzellasten, kontinuierlicher Belastung oder gemischten Belastungen) ist das zeichnerische Verfahren das vorteilhaftere.

Lösung: Man nimmt die Einheitslast $P = 1$ kg an und läßt diese nacheinander an den Stellen *I, II, III, IV, V* wirken. Für jede Stellung ermittelt man die Durchbiegung in der bekannten Art. Man erhält dann die Durchbiegung f' bis f'''''. Diese trägt man als Ordinaten auf, verbindet die Endpunkte durch eine Kurve und erhält so die Kurve *d*. Jede Ordinate der letzteren gibt also die Durchbiegung der Welle unter der Last $P = 1$ kg an. Für jede andere Belastung braucht man die Ordinatenlänge nur proportional zu verändern, also für $P = 2$ kg würde die Ordinate doppelt und für $P = 0,5$ kg halb so groß werden.

Es ist daher jetzt nur noch nötig, die Gewichtskurve *g* für die Welle aufzuzeichnen; ihre Ordinatenlängen sind so gewählt,

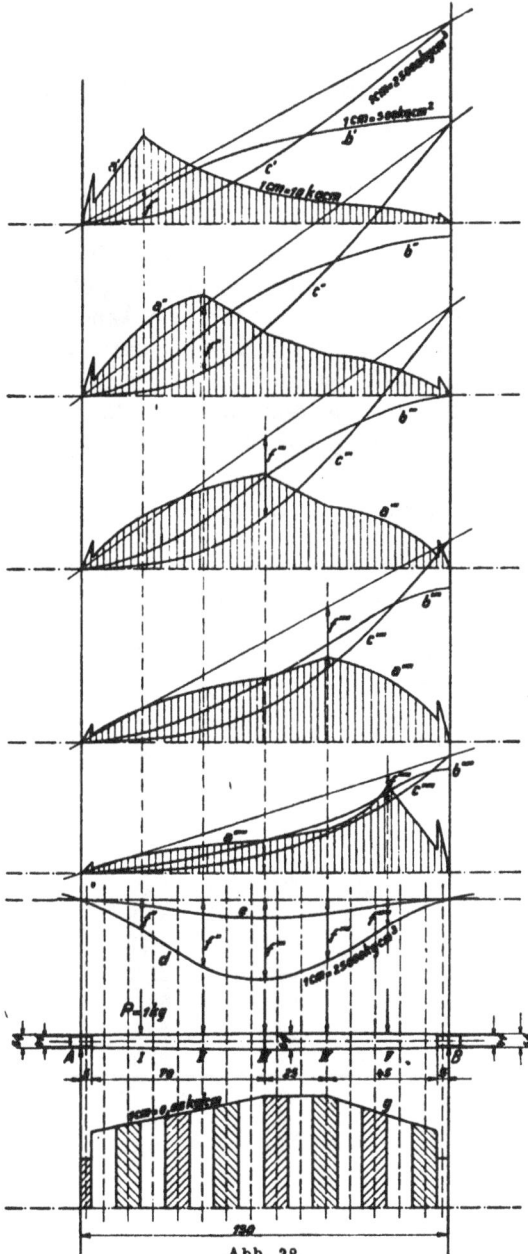

Abb. 38.

daß 1 cm 0,05 kg/cm bedeutet. Man teilt die erhaltene Fläche
in beliebige gleichbreite Streifen (in der Zeichnung Breite = 10 cm)
und rechnet das Gewicht jedes Streifens aus, indem man die
Länge der Mittelordinate mit 0,05 kg/cm · 10 cm multipliziert.

Die Mittelordinaten zieht man durch bis zur Basis der
Kurve d (streng genommen müßte man nicht die Mittelordinate
jedes Flächenstreifens, sondern die durch den Schwerpunkt
gehende Ordinate nehmen; aber die Unterschiede sind bei genügend schmalen Streifen so gering, daß man, ohne einen Fehler
zu begehen, die Mittelordinaten nehmen kann). Die von der
Mittelordinate durch die Kurve d abgeschnittene Ordinate wird
proportional der Kraft verändert. Das erste nicht schraffierte
Feld der Gewichtskurve g stellt eine Last dar von

$$3,12 \cdot 0,05 \text{ kg/cm} \cdot 10 \text{ cm} = 1,56 \text{ kg,}$$

das zweite Feld

$$3,3 \cdot 0,05 \text{ kg/cm} \cdot 10 \text{ cm} = 1,65 \text{ kg usw.}$$

Es ergeben sich die Werte der Spalte 2 nachstehender Tabelle:

Ordinaten der Gewichts- kurve g	Einzel- gewichte in kg	Ordinaten der Kurve d	G · Ordinaten der Kurve d	Durchbiegung f
1,94	0,485	0,8	0,388	0,00000693
3,12	1,56	3,8	5,93	0,0001058
3,3	1,65	8,8	14,52	0,0002598
3,5	1,75	14,6	25,58	0,0004565
3,69	1,845	20,7	38,2	0,0006825
3,88	1,94	26,2	50,8	0,000908
4,07	2,035	29,9	60,8	0,001087
4,29	2,145	31,2	67,0	0,001198
4,4	2,2	30,9	68,0	0,001215
4,4	2,2	28,4	62,5	0,001117
4,33	2,165	24,4	52,9	0,000944
4,1	2,05	19,6	40,2	0,000718
3,78	1,88	13,8	25,98	0,000464
3,48	1,74	7,9	13,76	0,000246
3,18	1,59	3,0	4,77	0,0000852
1,94	0,485	0,6	0,291	0,0000052
				0,00949893

Spalte 1 stellt die abgemessenen Ordinaten der Gewichtskurve g dar.

Spalte 3 enthält die abgemessenen Ordinaten der Kurve d.
Diese Längen müssen jetzt mit dem Quotienten $\dfrac{G}{1\,\text{kg}}$ multipliziert werden, was die Werte von Spalte 4 ergibt. Die aufgetragenen Werte dieser Spalte ergeben die elastische Linie e.
Die wirklichen Durchbiegungen der Welle in cm erhält man, wenn man die letzteren Werte, jedoch in cm, multipliziert mit

$$\frac{25\,000 \text{ kgcm}^3}{E \cdot J_0}.$$

J_0 ist das größte Trägheitsmoment der Welle und $= 63{,}62\,\text{cm}^4$, $E = 2\,200\,000$ kg/cm^2.
Also Durchbiegung für die erste Kraft der Tabelle von 0,485 kg

$$f = \frac{0{,}0388 \cdot 25\,000 \text{ kgcm}^3}{2\,200\,000 \text{ kg/cm}^2 \cdot 63{,}62 \text{ cm}^4} = 0{,}00000693 \text{ cm}.$$

Für die zweite Kraft von 1,56 kg wird die Durchbiegung $f = 0{,}0001058$ cm usw.

Die Summe aller Durchbiegungen ergibt 0,00949893 cm und die kritische Winkelgeschwindigkeit

$$\omega_k = \sqrt{\frac{981}{0{,}00949893}} = \sqrt{103\,300} = 316{,}2$$

die kritische Drehzahl also

$$n_k = \frac{30 \cdot 316{,}2}{\pi} = 3017;$$

die Welle wird·also mit $\frac{1}{3}$ bis $\frac{1}{2}$ dieser errechneten Drehzahl, das sind 1000 bis 1500 Umläufe, ruhig laufen.

Die elastische Linie des mit der Einzellast von 60 kg belasteten und bei A eingespannten Trägers ist zu zeichnen (Abb. 39).

1. Operation: Querkraftskurve a zeichnen wie für einen frei aufliegenden Träger.

1 cm Ordinate $= 10$ kg,
1 cm Abszisse $= 10$ cm.

2. Operation: I. Integralkurve, Momentenkurve b zeichnen; Polweite 5 cm. 1 cm Ordinate dieser Kurve $= 10 \cdot 10 \cdot 5 = 500$ kgcm.

Durch die feste Einspannung des Trägers bei A entsteht ein dem Lastmoment (positives Moment) entgegengesetztes Moment (negatives Moment); die Größe dieses negativen Momentes ist festzustellen. Die Bedingung hierzu ist, daß die elastische Linie d durch den Punkt B'' geht, d. h. daß die Ordinate in B'' gleich Null ist. Da die Ordinaten nun die statischen Momente

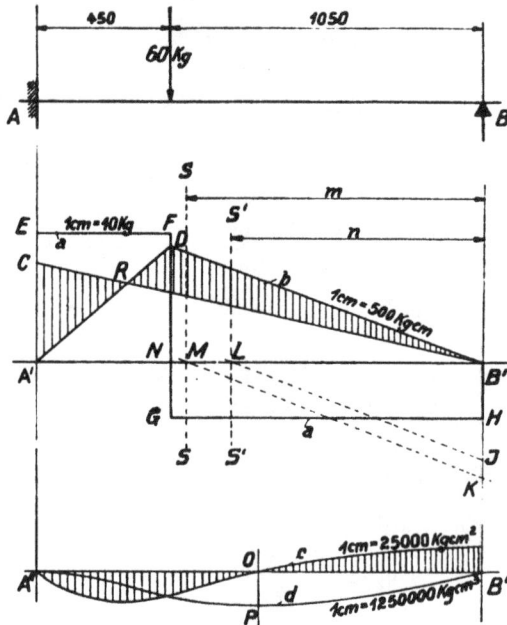

Abb. 39.

der gesuchten endgültigen Momentenfläche $A'CRDB'R$ darstellen, so muß das statische Moment der Fläche $A'B'D$ gleich demjenigen des Dreiecks $A'B'C$ in bezug auf Achse $B'B''$ sein.

3. Operation: Es ist dasjenige Dreieck zu ermitteln, welches das gleiche statische Moment in bezug auf Achse $B'B''$ hat, wie die Momentenfläche $A'B'D$. Diese Ermittlung erfolgt vollkommen unabhängig von der ursprünglichen Aufgabe. Man stellt Inhalt und Schwerlinie der Fläche $A'B'D$ ohne Berücksichtigung der Maßstäbe fest.

Schwerlinie $S'S'$ durch Ziehen der Seitenhalbierenden ermitteln; Schwerlinie SS des Dreiecks $A'B'C$ liegt auf $1/3$ von $A'B'$.

Es muß nach oben Gesagtem sein:
$$\tfrac{1}{2} A'B' \cdot DN \cdot n = \tfrac{1}{2} A'B' \cdot A'C \cdot m,$$
also
$$A'C = \frac{DN \cdot n}{m}.$$

Die Linie $B'C$ stellt die negative Momentenkurve, die von der Einspannung bei A herrührt, dar.

$A'C$ kann auch zeichnerisch auf folgende Art ermittelt werden. Man macht $B'K = DN$, verbindet K mit M und zieht durch L zu KM die Parallele, welche die Strecke $B'J = A'C$ abschneidet.

4. Operation: Integration der schraffierten Momentenfläche $A'CRDB'R$ unter Annahme von $B'C$ als Basis. Mit Polweite 5 cm erhält man die Kurve c, in welcher 1 cm Ordinate 25000 kgcm² bedeutet.

5. Operation: Die Integration der Kurve c ergibt die elastische Linie d, die bei richtiger Ausführung der Aufgabe durch B'' gehen muß. Die größte Durchbiegung gibt die Ordinate durch O an.

Die Durchbiegung des bei A eingespannten und bei B frei aufliegenden Kiefernholzbalkens durch die gezeichnete Belastung ist zu bestimmen (Abb. 40).

Lösung:
1. Operation: Querkraftsfläche a zeichnen;
    1 cm Ordinate = 10 kg,
    1 cm Abszisse = 10 cm.

2. Operation: I. Integralkurve, Momentenkurve b zeichnen. Polweite zu 7 cm angenommen.

3. Operation: Bestimmung der negativen Momentenfläche. Momentenkurve b integrieren zur Ermittlung des Flächeninhaltes der Momentenfläche $A'CDEB'$. Dies ergibt Kurve c. Polweite 7 cm.

Flächeninhalt = Endordinate · Polweite
       = 7,65 · 7 = 53,55 cm².

Kurve d zeichnen durch Integration der Kurve c zur Bestimmung der Schwerlinie der Momentenfläche. Abstand der Schwerlinie $m = 7{,}52$ cm von der Achse $B'B$.

Gleichheit der statischen Momente in bezug auf Achse $B'B$ (siehe vorige Aufgabe) ergibt

$$M = \frac{l \cdot h}{2} \cdot n; \quad n = \frac{2}{3}\,l = 10$$

$$h = \frac{2 \cdot F \cdot m}{l \cdot n} = \frac{2 \cdot 53{,}55 \cdot 7{,}52}{15 \cdot 10} = 5{,}37 \text{ cm.}$$

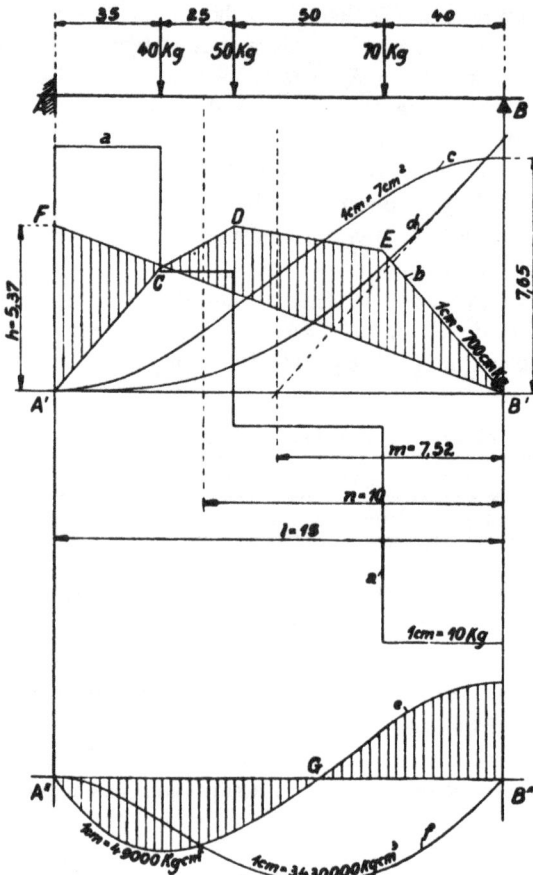

Abb. 40.

Gerade FB' ziehen.

4. Operation: Schraffierte Momentenfläche $A'FCDEB'$ mit FB' als Basis integrieren. Mit Polweite 7 cm ergibt dies die Kurve e, in der je 1 cm Ordinate 49000 kgcm² bedeutet.

5. Operation: Kurve f zeichnen mit Polweite 7 cm. 1 cm Ordinate dieser Kurve bedeutet 3 430 000 kgcm³.

Die größte Durchbiegung, welche die Ordinate durch G angibt, ist bei einem Elastizitätsmodul von 120 000 kg/cm² und 100 cm⁴ Trägheitsmoment des Balkens

$$f = \frac{3,4 \cdot 3 430 000}{120 000 \cdot 100} = 0,971 \text{ cm.}$$

Die Kurve f muß durch B'' gehen, wenn die Konstruktion der endgültigen Momentenfläche $A'FCDEB'$ richtig ist.

Die elastische Linie des mit einer Dreieckslast von 56 kg und einer Einzellast von 70 kg belasteten beiderseitig fest eingespannten Trägers ist zu zeichnen (Abb. 41).

Lösung:

1. Operation: Scherkraftskurve so zeichnen, daß 1 cm Ordinate 10 kg bedeutet. Die Dreieckslast ist gleich 56 kg, folglich muß die Endordinate der Integralkurve a 5,6 cm messen. Es ist

Endordinate · Polweite = Flächeninhalt, also

$$\text{Polweite} = \frac{\text{Flächeninhalt}}{\text{Endordinate}} = \frac{4 \cdot 17,5}{2 \cdot 5,6} = 6,25 \text{ cm.}$$

Mit dieser Polweite erhält man die Scherkraftskurve a, in welcher 1 cm 10 kg bedeutet. Zur Ermittlung der Lage $O'X'$ integriert man die Kurve a, erhält die Kurve b', verbindet O mit V, stellt Lineal des Integranten auf Neigung OV, Marke m auf OX-Achse und Linie q auf UK-Achse. Das Lineal geht dann durch U, wodurch die Lage von $O'X'$ bestimmt ist. Den auf A und B entfallenden Anteil der Einzelkraft 70 kg trägt man von W aus nach oben und von O aus nach unten ab und erhält so die endgültige Scherkraftskurve b.

2. Operation: Integration der Kurve b gibt die Momentenkurve c.

3. Operation: Die Bestimmung der negativen Momentenfläche erfolgt unter den beiden Bedingungen:

1. die negative Momentenfläche $CHGO''$ muß der Momentenfläche EGO'' flächengleich sein,

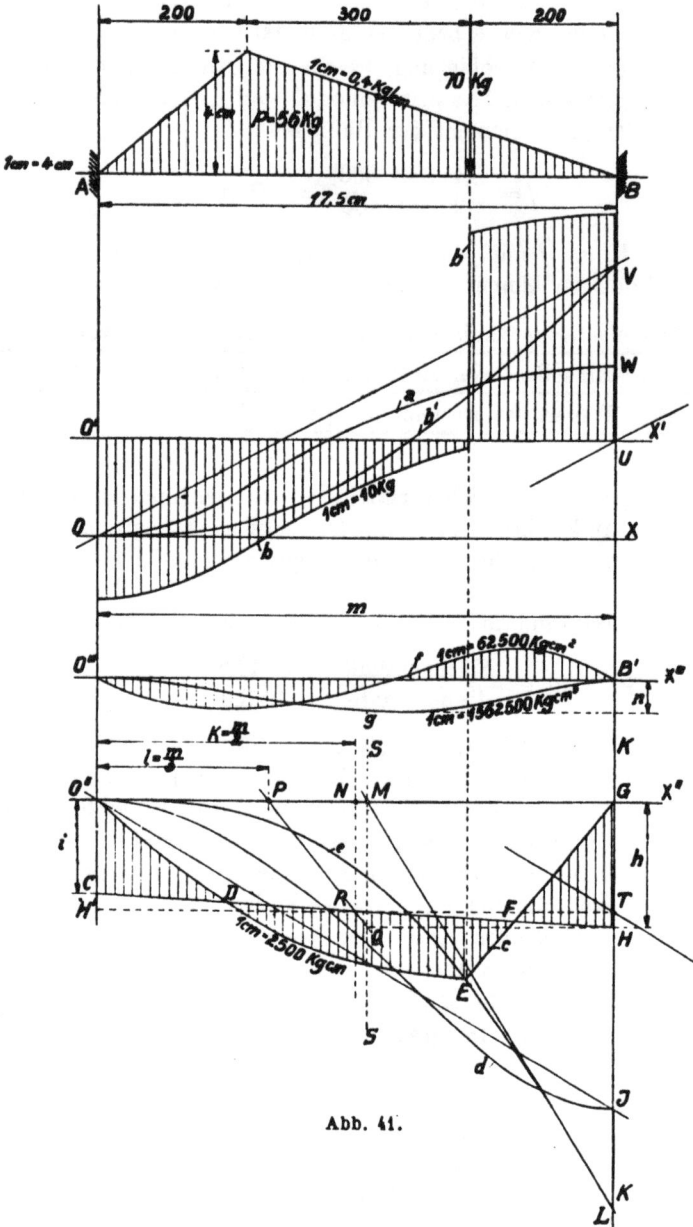

Abb. 41.

2. die statischen Momente beider Flächen in bezug auf Achse KK müssen gleich sein.

4. Operation: Momentenfläche c integrieren, ergibt Kurve d. Integration von Kurve d ergibt Kurve e. Der Schnittpunkt der Linie LM mit der Basis X'' ist ein Punkt der Schwerlinie SS der Momentenfläche. (Siehe Abb. 25 u. 26.)

5. Operation: Nach Abb. 23 ist jetzt das der Momentenfläche $O''EG$ gleiche Rechteck $O''H'TG$ zu bestimmen.

6. Operation: Auf der Basis $O''G$ den Punkt P im Abstand $l = \dfrac{m}{3}$ und den Punkt N im Abstand $k = \dfrac{m}{2}$ von O'' aus bestimmen; das Lot in N ergibt mit $H'T$ den Schnittpunkt R. Die Verlängerung von RP schneidet die Schwerlinie SS im Punkt Q. Die Parallele durch Q zu $O''G$ bestimmt den Punkt H. Die Gerade HRC ist dann die Begrenzung der negativen Momentenfläche und die schraffierte Fläche $O''DEFGHC$ die endgültige Momentenfläche.

7. Operation: Integration der schraffierten Momentenfläche mit $O''DEFG$ als Basis. Man erhält so die Kurve f; sie muß durch den Punkt B' gehen, ihre größten Ordinaten liegen über D und F.

8. Operation: Integration der Kurve f ergibt die elastische Linie e, die gleichfalls durch den Punkt B' gehen und über D und F ihre Wendepunkte haben muß.

Die Ordinate der größten Durchbiegung n ist gleich 1,04 cm, also müßte das Trägheitsmoment bei einem Elastizitätsmodul von 2100000 kgcm^2 und einer vorgeschriebenen Durchbiegung von 0,3 mm

$$J = \frac{1,04 \cdot 1,562500}{2100000 \cdot 0,03} = 28,5 \text{ cm}^4$$

sein.

Die elastische Linie des bei A und B fest eingespannten Trägers bei der gezeichneten Belastung ist zu ermitteln (Abb. 42).

Lösung:

In der Zeichnung bedeutet

1 cm Abszisse   10 cm in Wirklichkeit,
1 cm Ordinate 100 kg   »   »

1. Operation: I. Integralkurve *a* (Scherkraftskurve) zeichnen; Auflagerkräfte *A* und *B* rechnerisch ermitteln.

2. Operation: II. Integralkurve *b* (Momentenkurve) zeichnen; Polhöhe 3,5 cm gewählt.

3. Operation: Verzerrte Momentenkurve *b'* zeichnen.

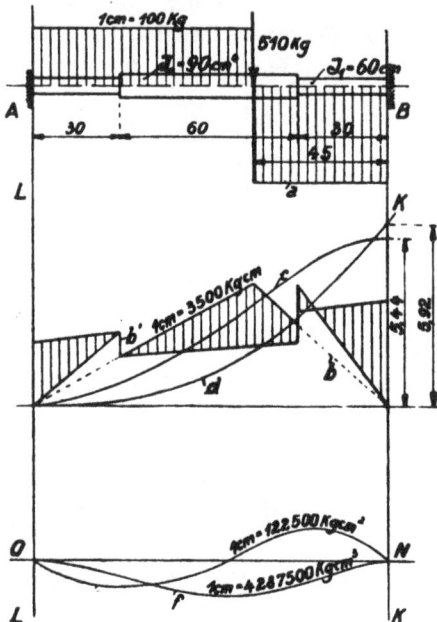

Abb. 42.

4. Operation: Negative Momentenfläche zeichnen. Diese kann bei Trägern mit verschiedenen Trägheitsmomenten nur rechnerisch gefunden werden in folgender Art:

Die negative Momentenfläche hat bei beiderseitiger Einspannung die zwei Bedingungen zu erfüllen:

1. sie muß flächengleich der positiven Momentenfläche sein;

2. die statischen Momente beider Flächen müssen in bezug auf die *KK*- oder *LL*-Achse gleich sein.

Zu diesem Zwecke ist zunächst der Flächeninhalt und das Moment der positiven (verzerrten) Momentenfläche festzustellen.

5. Operation: Momentenkurve *b'* integrieren; Polweite 5 cm gewählt. Man erhält die Kurve *c*, in welcher 1 cm Ordinate 5 cm² bedeutet.

Die Endordinate ist 5,44 cm lang, also der Flächeninhalt der verzerrten Momentenfläche = 5,44 · 5 = 27,2 cm².

6. Operation: Kurve *c* integrieren mit Polweite 5 cm ergibt Kurve *d*, in welcher 1 cm Ordinate 5 · 5 = 25 cm³ bedeutet. Die Endordinate ist 5,92 cm lang, das statische Moment der verzerrten Momentenfläche in bezug auf die *KK*-Achse ist also = 5,92 · 25 = 148 cm³.

Die negative Momentenfläche muß etwa die nachstehende Form haben:

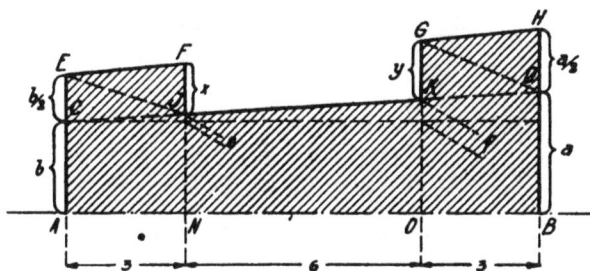

Abb. 43.

Hätte der Träger in jedem Querschnitt gleiches Trägheitsmoment, so wäre die negative Momentenfläche ein Trapez (siehe Abb. 41). Durch die verschiedenen Trägheitsmomente muß jedoch die negative Momentenfläche genau so verzerrt werden, wie dies bei der positiven der Fall ist. Die Größe der Fläche muß 27,2 cm^2 und das statische Moment für die Seite BH muß 148 cm^3 ergeben; da die Trägheitsmomente 90 und 60 cm^4 betragen, sich also wie 3 : 2 verhalten, so muß sein

$$E C = \frac{A C}{2}, \quad F I = \frac{N I}{2}, \quad G K = \frac{O K}{2} \text{ und } H D = \frac{B D}{2}.$$

Diese bekannten Größen und Beziehungen genügen zur Bestimmung der Fläche.

Es verhält sich

$$\frac{e}{3} = \frac{f}{9} = \frac{a - b}{12}$$

daraus

$$e = \frac{3}{12}(a - b); \quad f = \frac{9}{12}(a - b).$$

Also

$$x = \frac{e + b}{2} = \frac{1}{4} \cdot \frac{(a - b) + 4b}{2} = \frac{a + 3b}{8}$$

und

$$y = \frac{f + b}{2} = \frac{3}{4} \cdot \frac{(a - b) + 4b}{2} = \frac{3a + b}{8}.$$

Man zerlegt sich die Trapeze durch die gestrichelten Linien
EI und GD in Dreiecke und erhält für die ganze Fläche

$$F = 12\left(b + \frac{a-b}{2}\right) + \left(\frac{a}{2} \cdot \frac{3}{2}\right) + \left(\frac{b}{2} \cdot \frac{3}{2}\right) +$$
$$+ \left(\frac{3a+b}{8} \cdot \frac{3}{2}\right) + \left(\frac{a+3b}{8} \cdot \frac{3}{2}\right)$$

F eingesetzt und a ausgerechnet, ergibt
$$27{,}2 = 7{,}5\,a + 7{,}5\,b$$
$$a = 3{,}627 - b$$

Gleichung für das statische Moment ergibt

$$M = 72\,b + \left(\frac{a-b}{2} \cdot 12 \cdot 4\right) + \left(\frac{3}{4}\,a + \frac{3}{4}\,b \cdot 11\right) +$$
$$+ \left(\frac{3a+b}{8} \cdot \frac{3}{2} \cdot 2\right) + \left(\frac{a+3b}{8} \cdot \frac{3}{2} \cdot 10\right).$$

Aufgelöst ergibt
$$M = 27{,}75\,a + 62{,}25\,b$$

oder M und der oben errechnete Wert von a eingesetzt, ergibt
$$62{,}25\,b = 148 - 27{,}75 \cdot (3{,}627 - b),$$
$$34{,}5\,b = 47{,}35,$$
$$b = 1{,}372 \text{ cm},$$
$$a = 2{,}255 \text{ cm}.$$

Mit diesen Werten wurde die negative Momentenfläche in
der Abb. 42 gezeichnet; die schraffierte Fläche ist dann die endgültige Momentenfläche.

7. Operation: Integration der endgültigen Momentenfläche mit Polweite 3,5 cm ergibt die Kurve e. Diese muß, wenn
die negative Momentenfläche richtig ermittelt wurde, durch den
Punkt N gehen. 1 cm ihrer Ordinate bedeutet
$$10 \cdot 3{,}5 \cdot 3500 = 122\,500 \text{ kgcm}^2.$$

8. Operation: Integration der Kurve e mit Polweite
3,5 cm ergibt die elastische Linie f, in welcher 1 cm Ordinate
$$10 \cdot 122\,500 \cdot 3{,}5 = 4\,287\,500 \text{ kgcm}^3 \text{ ist.}$$

Die elastische Linie des gezeichneten Trägers frei aufliegend
auf 3 Stützen ist zu bestimmen. Belastung im ersten Feld gleichmäßig mit $P = 900$ kg, im zweiten Feld Dreieckslast mit
$P = 937{,}5$ kg (Abb. 44).

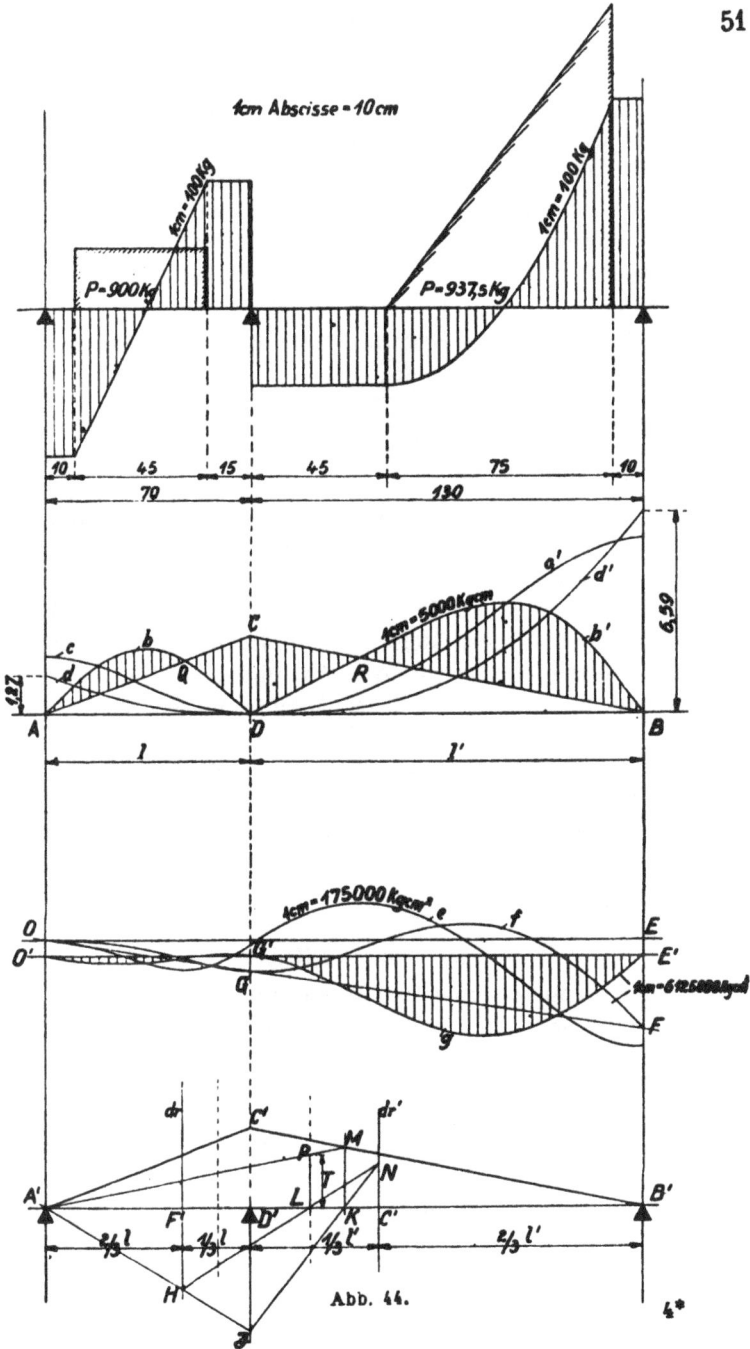

4cm Abscisse = 10 cm

P = 900 Kg

4cm = 400 Kg

P = 937,5 Kg

4cm = 400 Kg

| 10 | 45 | 15 | 45 | 75 | 10 |

70   130

4cm = 5000 Kgcm

6,59

1,27

A   D   B

l   l'

4cm = 175000 Kgcm²

4cm = 6125000 kgcm

O   E
O'   E'
F'

²/₃ l   ¹/₃ l   ¹/₃ l'   ²/₃ l'

Abb. 44.

4*

Lösung:

1. Operation: Scherkraftsflächen für jedes Feld zeichnen, wie für Träger auf 2 Stützen. Polweite bzw. Belastungskurve so wählen, daß 1 cm Ordinate beider Scherkraftsflächen gleiche Bedeutung hat; im vorliegenden Fall 1 cm = 100 kg; es muß also die Endordinate des rechten Feldes 9,375 cm lang werden. Nimmt man die Polweite mit 4 cm an, so erhält man die Höhe des Belastungsdreiecks aus der Gleichung

$$\tfrac{1}{2}\,g \cdot h = \text{Endordinate} \cdot \text{Polweite}$$

$$h = \frac{2 \cdot 9{,}375 \cdot 4}{7{,}5} = 10 \text{ cm.}$$

Die Ermittlung der Auflager erfolgt hier am besten durch Rechnung.

2. Operation: Die beiden Momentenkurven b und b' durch Integration der Scherkraftsflächen zeichnen.

3. Operation: Ermittlung des Stützenmomentes der mittleren Stütze (nach Müller-Breslau, Graph. Statik der Baukonstruktion). Die statischen Momente der Momentenflächen durch Integration bestimmen wie in Abb. 24, und zwar für die linke Momentenfläche inbezug auf die senkrechte Achse durch A und für die rechte inbezug auf senkrechte Achse durch B. Die Endordinaten der II. Integralkurven d und d' multipliziert mit dem Quadrat der Polweite (falls diese für alle Integrationen die gleiche geblieben ist) ergeben die gesuchten statischen Momente. Das linke Moment soll mit L_m und das rechte mit R_m bezeichnet werden; dann ist

$$L_m = 1{,}27 \cdot 5 \cdot 5 = 31{,}75 \text{ cm}^3,$$
$$R_m = 6{,}59 \cdot 5 \cdot 5 = 164{,}75 \text{ cm}^3.$$

Hieraus ermittelt man nach folgenden Formeln die zur Konstruktion der Stützmomentenfläche erforderliche Strecke T

$$N = 6 \cdot \left(\frac{L_m}{l} + \frac{R_m}{l'} \right) = 6 \cdot \left(\frac{31{,}75}{7} + \frac{164{,}75}{13} \right) = 103{,}23$$

$$T = \frac{N}{3\,(l + l')} = \frac{103{,}23}{3 \cdot (7 + 13)} = 1{,}7205 \text{ cm.}$$

Die Konstruktion des Stützenmomentes:

Strecken l und l' in je 3 Teile teilen und durch die Teilpunkte die Drittelsenkrechten dr und dr' ziehen; hierauf die sog. verschränkte Drittelsenkrechte zeichnen, indem die Strecke $D'C'$ von F' aus auf $A'B'$ abgetragen wird; dies ergibt den Punkt L der verschränkten Drittelsenkrechten. Auf dieser Senkrechten trägt man die oben ermittelte Strecke $T = 1{,}7205$ cm von L bis P ab.

Jetzt zieht man unter beliebigem Winkel eine Gerade $A'J$, welche die Drittelsenkrechte dr im Punkte H schneidet; die Gerade durch H und L trifft die andere Drittelsenkrechte dr' im Punkte N. Punkt N verbinde mit I und errichte im Schnittpunkt K ein Lot. Der Schnittpunkt M dieses Lotes mit der Geraden $A'P$ ist ein Punkt der gesuchten Momentenlinie; diese ist hierdurch genügend bestimmt, denn in den Punkten A' und B' ist das Moment Null, die Linie muß also durch die Punkte A' und B' gehen, und das Maximum liegt über der mittleren Stütze. Man erhält also den Linienzug $A'C'B'$, der in die Lastenmomentenkurve übertragen wird. Die Ordinaten der schraffierten Fläche $ACBRDQ$ stellen dann die wirklichen Momente dar.

4. Operation: Integration der schraffierten Momentenfläche mit ACB als Basis ergibt die Kurve e, in der 1 cm Ordinate 175000 kgcm² bedeutet.

5. Operation: Integration der Kurve e ergibt die elastische Linie f, umgekehrt liegend und mit Basis OF. Sie wurde nochmals gezeichnet wie schraffiert in richtiger Lage mit horizontaler Basis $O'E'$; 1 cm Ordinate bedeutet 6125000 kgcm³.

Eine Kontrolle der richtigen Ermittlung der Momentenfläche liegt darin, daß die elastische Linie durch den Auflagerpunkt G bzw. G' gehen muß.

Die elastische Linie des gezeichneten Balkens auf 5 Stützen unter der angegebenen Belastung ist zu ermitteln (Abb. 45). (Vgl. die vorige Aufgabe.)

Lösung:

1. Operation: Für jedes Feld die Scherkraftsfläche zeichnen, so daß die Bedeutung von 1 cm ihrer Ordinaten bei allen die gleiche ist; es bedeute 1 cm = 10 kg. Man erreicht dies durch passende Wahl der Polweite und der Größe der Belastungsfläche. Es kann nun vorkommen, daß man die Polweite nicht so klein oder so groß wählen kann, wie erforderlich, wie es z. B. im zweiten Feld des Trägers der Fall ist. Hier muß die Endordinate entsprechend der Belastung von 100 kg 10 cm lang werden.

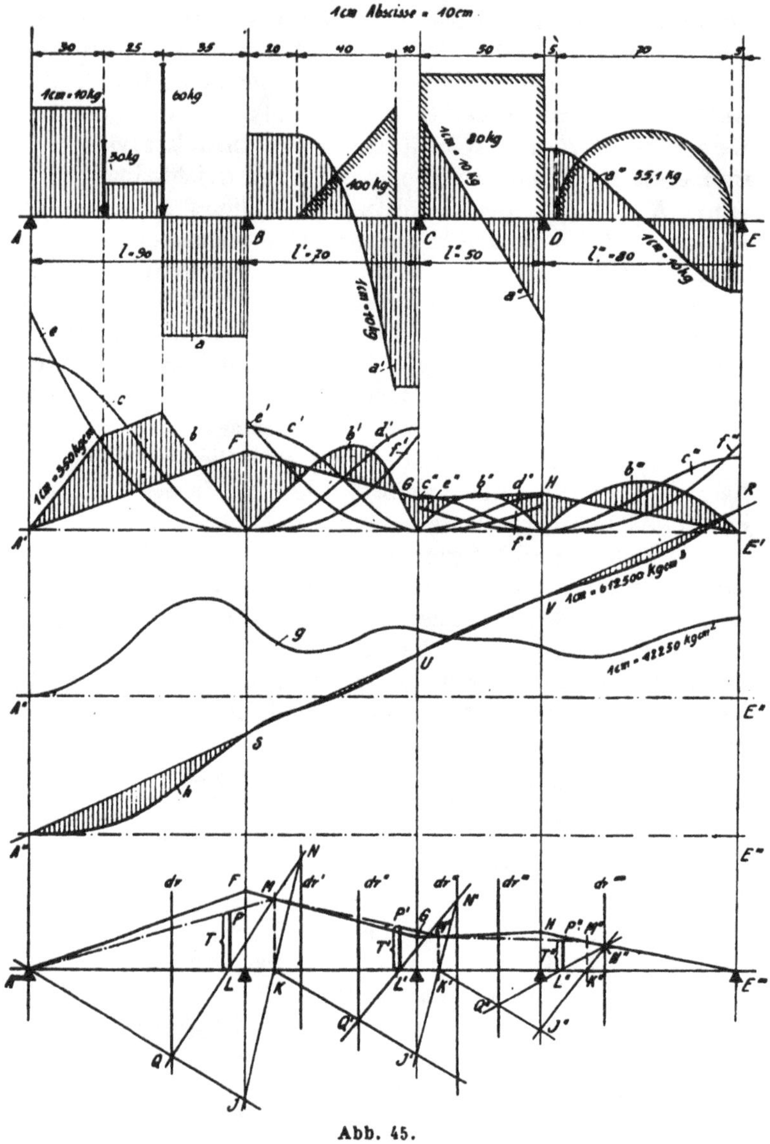

Abb. 45.

Nach der Formel

Endordinate · Polweite = Flächeninhalt

$$e \cdot p = \tfrac{1}{2} g \cdot h$$

wird

$$p = \frac{g \cdot h}{2 \cdot e} = \frac{4 \cdot 4{,}375}{2 \cdot 10} = 0{,}875 \text{ cm,}$$

welche Polweite mit dem Integranten nicht erreicht werden kann. Nimmt man nun die kleinste Polweite von 3,5 cm an, so kann man die Höhe des Belastungsdreiecks zu

$$h = \frac{2 \cdot e \cdot p}{g} = \frac{2 \cdot 10 \cdot 3{,}5}{4} = 17{,}5 \text{ cm,}$$

ermitteln.

Diese Flächengröße ist bei der geringen Polweite von 3,5 cm jedoch nicht integrierfähig mit dem Apparat.

Man verfährt daher so, daß man zunächst annimmt, die Endordinate solle nicht 10 cm, sondern 5 oder 2,5 oder 2 cm lang werden und errechnet unter dieser Annahme Polweite oder Größe des Belastungsdreieckes. Wenn man bei der oben angenommenen Polweite von 3,5 cm bleibt und die Größe der Endordinate zu 2,5 cm wählt, so erhält man für die Höhe des Belastungsdreiecks

$$h = \frac{2 \cdot e \cdot p}{g} = \frac{2 \cdot 2{,}5 \cdot 3{,}5}{4} = \frac{17{,}5}{4} = 4{,}375 \text{ cm}$$

welche Länge in die Zeichnung eingetragen wurde.

Die Längen der Ordinaten von der Scherkraftsfläche sind jetzt nur gleich dem 4. Teil der wirklichen Ordinaten, sie müssen also, um die endgültige Fläche zu erhalten, mit 4 multipliziert werden, was am besten durch Abgreifen mit dem Stechzirkel geschieht.

Die Höhe der Belastungsfläche des dritten Feldes ergibt sich bei Annahme der gleichen Polweite von 3,5 cm zu

$$h = \frac{e \cdot p}{b} = \frac{8 \cdot 3{,}5}{5} = 5{,}6 \text{ cm}$$

und die Polweite beim vierten Felde

$$\frac{\pi \cdot r^2}{2} = e \cdot p$$

$$p = \frac{r^2 \cdot \pi}{2 \cdot e} = \frac{3{,}5^2 \cdot \pi}{2 \cdot 5{,}51} = 3{,}5 \text{ cm.}$$

2. **Operation**: Einfache Momentenflächen b, b', b'', b''' durch Integration der Scherkraftsflächen zeichnen.

3. **Operation**: Durch zweimalige Integration der einfachen Momentenflächen erhält man in den Endordinaten der Kurve e, e', e'', f', f'' und f''' die statischen Momente der Momentenflächen. Diese haben folgende Werte (mit L sind die linken und mit R die rechten Momente bezeichnet):

Kurve	End-ordinate	Stat. Moment	N	T	Stützen-Ent-fernung	cm
L	e	8,61	105,4		l	90
R_2	f'	3,69	45,2	109,05 2,274	l'	70
L_2	e'	4,32	52,95		l''	50
R_3	f''	1,1	13,3	61,344 1,705	l'''	80
L_3	e''	0,99	12,12			
R_4	f'''	3,4	41,6	45,75 1,1725		

Die Werte für T werden ausgerechnet nach den Formeln

$$N = 6 \cdot \left(\frac{L_1}{l} + \frac{R_2}{l'} \right)$$

$$T = \frac{N}{3 \cdot (l + l')}.$$

Siehe Müller-Breslau, Graphische Statik und voriges Beispiel.

4. **Operation**: Ermittlung der Stützmomentenfläche (nach Müller-Breslau, Graph. Statik):

    1. Drittelsenkrechten zeichnen.

    2. Verschränkte Drittelsenkrechten zeichnen.

    3. Auf letzteren die Werte T abtragen.

Dann unter beliebigem Winkel eine Gerade $A''''J$ ziehen. Von ihrem Schnittpunkt Q mit der Drittelsenkrechten dr durch L eine Gerade ziehen bis zum Schnittpunkt N mit der Drittelsenkrechten dr'; die Verbindungslinie von N mit J schneidet die Basis im Punkt K. Das Lot in K schneidet die von A'''' durch P gezogene Gerade in M, womit ein Punkt der Stützmomentenlinie gefunden ist.

Unter beliebigem Winkel die Gerade KJ' ziehen und durch $Q'L'$ eine Gerade legen, welche die Drittelsenkrechte dr''' in N' schneidet. N' mit J' verbinden. Das Lot im Schnittpunkt K'

schneidet die Gerade MP' im Punkt M', mit welchem ein weiterer
Punkt der Stützmomentenlinie gefunden ist.

Unter beliebigem Winkel $K'J''$ ziehen; Gerade durch $Q''L''$
legen, Schnittpunkt N'' mit J'' verbinden. Lot im Punkte K''
und Gerade $M'P''$ ergeben einen dritten Punkt M''.

Man hat also jetzt unter Hinzurechnung der beiden Anfangs-
punkte A'''' und E'''' 5 Punkte der Stützmomentenlinie und
kann nun unter Berücksichtigung, daß in H, G und F Ecken
entstehen müssen, den Linienzug von E'''' aus zeichnen. Man
zieht zunächst von E'''' aus über M'' nach H, von hier aus über
M' nach G, von G über M nach F und von F nach A''''.

Diesen Linienzug überträgt man auf die Basis $A'E'$ und erhält in der schraffierten Fläche die endgültige Momentenfläche.

5. Operation: Integration der endgültigen Momentenfläche mit $A'FGHE'$ als Basis ergibt die Kurve g, in welcher
1 cm = 12250 kgcm² bedeutet.

6. Operation: Integration der Kurve g ergibt die elastische
Linie h. Die Schlußlinie $A'''R$ muß die Kurve in den Stütz-
punkten SUV schneiden, wodurch die Richtigkeit der Kurve
kontrolliert ist.

Stabilitätsberechnung für ein Schiff.

Für ein Schiff, das auf 15° gekrängt ist, soll das statische
Moment der Verdrängung in bezug auf Oberkante-Kiel bei verschiedenen Tauchungen berechnet werden (Abb. 46).

1. Operation: Auf ein weißes Blatt Papier den vollständigen Spantenriß und eine durch K gehende und gegen die
Schiffsmitte um 15° geneigte Linie KB zeichnen. Auf das Reißbrett ein Stück Pauspapier spannen, eine Senkrechte ziehen
und den Spantenriß so unter das Pauspapier bringen, daß sich
die Linie KB und die Senkrechte des Pauspapiers decken. Dann
auf dem Pauspapier verschiedene wagerechte Tauchungslinien
0, 1, 2 usw. ziehen und die Mittellinien in die Tauchungsstreifen
einstricheln.

2. Operation: Die Kurve der statischen Flächenmomente
von jedem Spant wie folgt zeichnen, z. B. für Spant 5: Den

58

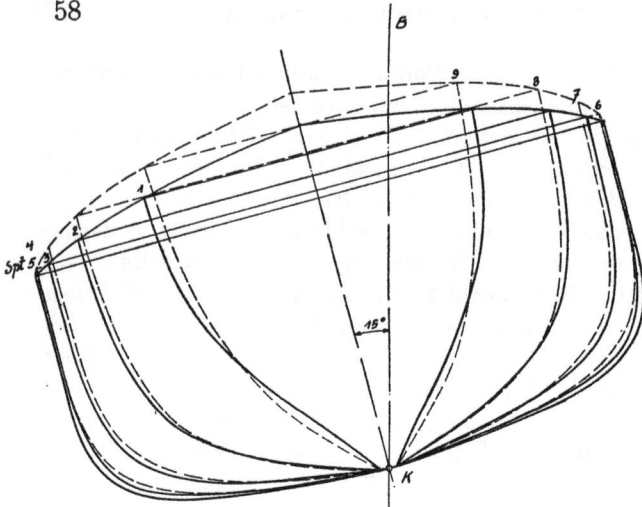

Spanten-Riss 1:10

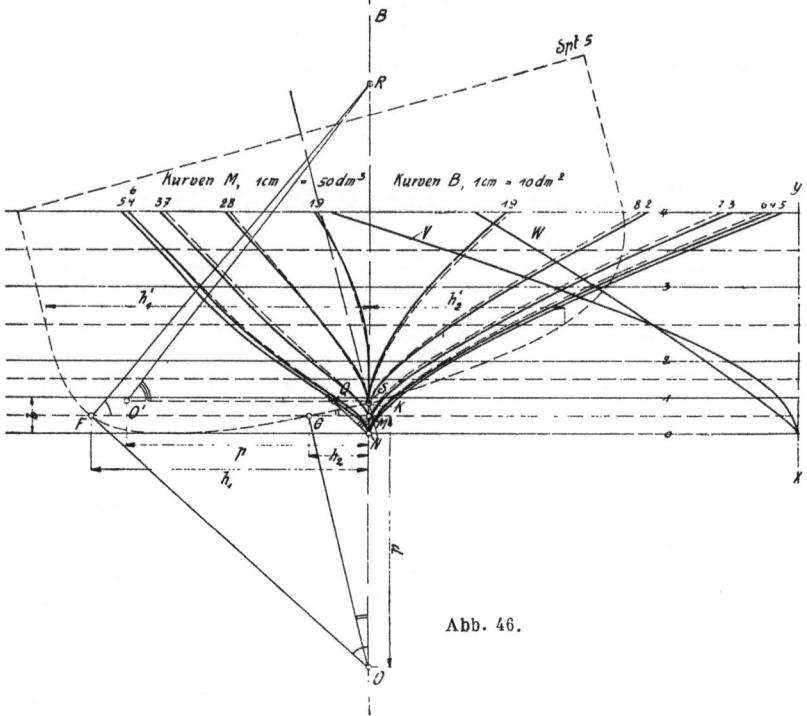

Abb. 46.

Integranten so anlegen, daß die Linie q mit der Linie FM und die untere Marke m sich mit M deckt, Pollineal auf OF einstellen, dann den Integranten rechts herum um 90° drehen (beim Winkel-Integranten unter Benutzung eines Zeichendreiecks), das Pollineal durch F gehen lassen und bei R einen Strich machen. Integranten wieder zurückdrehen und die Ordinate GM abgreifen, das Pollineal auf $\overset{.}{OG}$ einstellend, Integranten wiederum um 90° rechts herum drehen und mit dem Pollineal GS ziehen. Nun den Integranten so verschieben, daß q durch KB und m durch S geht, die Ordinate RS abgreifen, das Pollineal auf $O'R$ einstellend und den Integranten zurückdrehen, um NQ ziehen zu können; Q ist dann der erste Punkt der gesuchten Integral-kurve mit der Grundlinie NB.

Beweis: Die gesuchte Kurve muß offenbar folgendes Integral darstellen:

$$F = \int \underbrace{(h_1 - h_2) \cdot d\,x}_{\text{Flächenelement}} \;\; \underbrace{\frac{1}{2}\,(h_1 + h_2)}_{\text{Hebelarm}}$$

oder

$$F = \frac{1}{2} \int (h_1{}^2 - h_2{}^2)\, d\,x.$$

Nun folgt aus der 90°-Drehung des Integranten, daß

$$\frac{RM}{h_1} = \frac{h_1}{p}, \text{ oder } RM = \frac{h_1{}^2}{p}.$$

und

$$\frac{SM}{h_2} = \frac{h_2}{p}, \text{ oder } SM = \frac{h_2{}^2}{p}.$$

Somit ist:

$$RS = \frac{h_1{}^2 - h_2{}^2}{p},$$

und, da der Integrant um 90° wieder zurückgedreht wurde

$$\frac{y}{b} = \frac{RS}{p}, \;\; (y = \text{Ordinate bei } Q)$$

das heißt:

$$y = b \cdot \frac{(h_1{}^2 - h_2{}^2)}{p^2}.$$

In einem anderen Falle, wenn $h_1{}'$ links und $h_2{}'$ rechts von KB liegt, lautet die Formel ebenso:

$$F = \int \underbrace{(h_1{}' + h_2{}')\, d\, x}_{\text{Flächenelement}} \;\underbrace{\frac{(h_1{}' - h_2{}')}{2}}_{\text{Hebelarm}} = \frac{1}{2} \int (h_1{}'{}^2 - h_2{}'{}^2)\, d\, x.$$

Es wird also in jedem Falle die Differenz $h_1{}^2 - h_2{}^2$ mit dem Integranten abgegriffen.

Die erhaltenen Kurven geben das doppelte statische Moment an, dies muß bei der Auswertung berücksichtigt werden. Der Maßstab der Kurve berechnet sich wie folgt: Der Spantenriß ist gezeichnet so, daß

1 cm in der Ordinate und Abszisse = 2 m ist.

Die Polhöhe ist p cm; in der gefundenen Kurve wird nach der Zahl γ gefragt, mit der jeder cm multipliziert werden muß, um das statische Moment zu erhalten. Es soll γ so groß sein, daß, wenn man z. B. y ausmißt, man folgendes erhält:

$$y \cdot \gamma = \frac{1}{2} \cdot (b \cdot a) \cdot [(h_1 \cdot a)^2 - (h_2 \cdot a)^2],$$

das heißt:

$$y \cdot \gamma = \frac{1}{2} \cdot b \cdot (h_1{}^2 - h_2{}^2) \cdot a^3,$$

da aber:

$$y = \frac{b \cdot (h_1{}^2 - h_2{}^2)}{p^2}$$

ist, so folgt:

$$\gamma = \frac{1}{2} \cdot a^3 \cdot p^2.$$

Wenn z. B. der Spantenriß gezeichnet ist mit

1 cm = 0,1 m,

die Polhöhe 10 cm beträgt, so wird jeder cm in der gefundenen Kurve

$$\gamma = \frac{1}{2} \cdot 0,1^3 \cdot 10^2 = 0,05 \text{ m}^3$$

bedeuten.

Man fährt nun in der Integration des Spantes fort, indem man die Striche R und S am besten mit den Nummern der Tauchungen versieht. Ist ein Spant fertig, dann radiert man die

Striche weg — sie dürfen also nicht scharf angedeutet werden —
und wiederholt dieselbe Arbeit an den übrigen Spanten; so entstehen die Kurven M der statischen Momente der eingetauchten
Spantflächen. Zu beachten ist noch, daß beim Abgreifen der
Ordinaten h_1 und h_2 die Krümmungen in der Weise, wie sie in
der Anleitung des Integranten mitgeteilt ist, nicht berücksichtigt
werden können. Die Genauigkeit wird nur durch Schmäler-
machen der Tauchungsstreifen in den betr. Stellen erreicht, der
erste Streifen in der Abbildung wäre z. B. schon zu breit; er
ist in der Zeichnung nur für die Erklärung breiter gelassen worden.

3. Operation: Die Kurven der Flächeninhalte jedes einzelnen Spantes ($^1/_1$ Spantflächen-Kurven) zeichnen nach rechts
von der Grundlinie KB aus. Die q-Linie des Integranten nimmt
bei dieser Arbeit dauernd die wagerechte Lage ein. Man erhält
so die Kurven B.

4. Operation: Einzelne Tauchungen annehmen, die Werte
der statischen Momente und der Verdrängung ablesen und für
sich nach Simpson zusammenrechnen. Die erhaltenen Werte
von einer Linie XY aus auftragen und so die gesuchten Kurven
der Verdrängung V und die statischen Momente der Verdrängung W des ganzen Schiffes aufzeichnen.

Anmerkung: In derselben Weise kann die Berechnung
für die Neigungen 30°, 45° usw. durchgeführt und die Ergebnisse
zu einer vollständigen Stabilitätsberechnung in beliebiger Form
zusammengestellt werden.